新訂 JA役員の職務執行の手引き

～知っておきたい権限と責任～

明田 作 著

新訂版　はしがき

本書は、JAおよび連合会の役員の方に知っておいてもらいたい役員の役割ならびにその権限と責任等をコンパクトにまとめたものですが、ご活用いただけていることを嬉しく思います。

さて、すでに初版の刊行後すでに５年経過し、令和元年には、会社法の改正に伴う関係法令の改正によって総会資料の電子提供措置の新設はじめ役員の職務執行に伴って生じる可能性のある役員の損害賠償責任の支払いの軽減に関する補償契約制度と役員等損害賠償保険制度の導入が行われています。

そこで、新たに導入された補償契約制度と役員等損害賠償保険制度についての説明を追加するとともに、初版発刊後の法令改正による必要な見直しを行うこととしました。本書が前版と同様、引き続き皆様方のお役に立てれば幸いです。

なお、より詳細な法制度の解説については、拙著『農業協同組合法［第三版］』（2021年３月・経済法令研究会）をご参照いただければ幸いです。

最後に、新訂版の発刊に際してお世話になった西牟田隼人氏には、この場を借りて厚くお礼申し上げます。

2023年５月

明田　作

はしがき

本書は、JAおよび連合会の役員の方、あるいはこれから役員に就任される方に向けて、役員や理事会等の役割、さらに役員の権限と責任等について、平易にまとめたものです。したがって、細部にわたる部分の説明は省いた部分が少なくありませんが、役員としての責任が生ずることとなる前提であるその職務と権限等を俯瞰できるようにすることを心掛けたつもりです。足りないところにつきましては、拙著『農業協同組合法［第二版］』（2016年5月・経済法令研究会）をご参照いただければ幸いです。

役員としては、JAの事業や運営に関連するあらゆる法律に精通していることに越したことはありませんが、限界があるのも現実です。法律は、わが身を守るための道具でもあり、法律を知らなかったでは済まされません。必要なのは、問題に突き当たったときに備えて、役員としての職務の基本をより理解し、法律的なものの考え方や常識を身につけるということでしょう。

JAは協同組合の1つで、株式会社の場合とは法人としての理念が異なりますし、総会や理事会等の権限なども違いがあります。会社の場合とは異なる農協法特有の規制等もありますが、JAの役員もその基本的役割において株式会社の役員と大きな違いはなく、役員に関しては会社法の規定が多く準用されています。

会社法との相違を浮き彫りにするというのも1つの方法ですが、そのためにはそれぞれの制度の趣旨を理解してもらう必要があります。しかしながら、説明が複雑になるなど、かえってわかりにくくなるおそれもありますので、本書ではどうしても必要と思われる部分を除き、あえて会社法等との対比はしていません。

本書を通じ、農協法になじみのなかった多くの人、とりわけこれから役員になられる方が農協法を身近なものとして感じてもらい、本書を日常の職務に少しでも役立てていただければ幸いです。

最後に、本書執筆の機会をいただきました、経済法令研究会の菊池一男様に、この場を借りて厚くお礼申し上げます。

2017年4月

明田　作

目　次

第3章 理事の選任・解任、報酬等の決定等

第7章　役員の責任

第8章 代表訴訟と違法行為の差止め

コラム：Column

〈法令等の略記〉

農業協同組合法　→　法または農協法
農業協同組合法施行令　→　施行令
農業協同組合法施行規則　→　施行規則
農業協同組合及び農業協同組合連合会の信用事業に関する命令　→　命令
組合等登記令　→　登記令
私的独占の禁止及び公正取引の確保に関する法律　→　独占禁止法

第1章

法人と機関

1．法人とは

農業協同組合またはその連合会（以下、総称して「組合」という）は、法人とされています（法4条）。

法人とは、法律上それ自身がその構成員等から独立して、権利をもち義務を負う主体として認められたものをいい、「法人は、この法律その他の法律の規定によらなければ、成立しない」（民法33条1項）として、わが国では法人法定主義が採用されています。

2．機関とは

法人は、人（自然人）とは別個の主体として、法律によって権利・義務の主体となりうることがとくに認められたもので、法律上の仕組みにすぎません。したがって、自然人のようにそれ自体が意思をもって行為することはできません。

そこで、特定の自然人や会議体の意思決定、それに特定の自然人の行為をもって、法人の意思や行為とすることが必要になります。この特定の自然人や会議体を法人の「機関」と呼びます。そして、この機関の機能を担う人たちを「役員」と呼んでいます。

3．機関の種類

法人として機能するためには、最低限、意思決定する機関とその意思を対外的に実行するための業務執行機関があれば足りることになります。

かりに、法人の構成員が1人しかいない法人というものがあるとすれば、その人が意思決定機関であると同時に業務執行機関を兼ねることが考えられます。しかし、組織が大きくなれば、1人の人がすべての機能を担うことは困難になりますし、適切に法人を運営していくことができなくなります。組織が大きくなるにつれて、自然に、その担う機能に応じて機関が分化し複雑化することになります。

農協法では、組合員（准組合員を除く）全員で構成される組合の基本的な意思決定を行う機関である総会、業務執行に関する意思決定と代表理事等の職務執行を監督する理事会（特定の組合にあっては理事会に加えて重要な業務執行に関する意思決定を行う経営管理委員会)、業務執行や組合を代表する行為を行う代表理事、それに代表理事等の職務執行を監査する監事というものを、必ず置かなければならない機関としています。

なお、一定規模以上の組合（農業協同組合にあっては、信用事業を行うものに限る）にあっては、監事のほかに会計監査人を置かなければなりません。

このほか、正組合員の数が500人以上の組合にあっては、総会に代わる総代会を設けることができますが、総代会を設けた場合でも総会という機関がなくなるわけではありません。

以下、本書では、総会と総代会を区別する必要がある場合を除いて、両者をあわせて総(代)会ということにします。

第2章

役員の権限と責任

役員の職務と権限

1．役　員

役員とは、構成員である組合員とは独立して組合の機関の機能を担うべき者として組合員によって選出された人をいいます。

農協法における組合の役員とは、理事と監事のほか経営管理委員をいいます（法30条１項、30条の２第１項）。

（1）理　事

理事とは、組合員（会員）からの委託を受けその経営を担うもので、少なくとも５人（経営管理委員設置組合にあっては、３人）の理事を置かなければならないことになっています（法30条２項、30条の２第５項）。なお、理事は組合の業務執行機関である理事会の構成員（理事役員）にすぎず、それ自体が組合の機関を構成するものではありません。

（2）監　事

監事とは、組合員（会員）から委託されて理事（経営管理委員設置組合にあっては、理事と経営管理委員）の職務執行の監査を担うものです。組合は、２人以上の監事を置かなければなりません（法30条２項）。監事は、理事などと異なり、各自が単独で監査の職務を担う機関（独任制の機関）です。

（3）経営管理委員

経営管理委員は、信用事業または共済事業を行う連合会その他一定規模以上の連合会に設置が義務付けられている（法30条の２第２項、施行令21条）もので、理事が担う組合の経営についての基本方針その他経営に関する重要な事項の決定を行う経営管理委員会の構成員をいいます。

組合は、経営管理委員を設置する場合には、５人以上の経営管理委員を置かなければなりません（法30条の２第３項）。

２．理事の職務と権限

（１）理事の職務

それぞれの理事は、組合の業務執行機関である理事会の構成員（理事役員）にすぎず､それ自体が組合の機関を構成するものではありません。

理事は、理事会の構成員として、理事会に出席して、組合のため、ひいてはその背後にいる組合員全体の最善の利益のために理事会の意思決定に参加するとともに、理事会の決定どおりに代表理事等がその職務を執行しているかどうかを監督することをその任務としています（法32条）。

したがって、その基本的職務は、理事会の構成員として、理事会の権限の行使に参加することになります。

（２）理事の権限

組合の業務執行を決し、理事の職務執行を監督することをその職務とする理事会の構成員として、各理事には、理事会の招集権が与えられています（法33条６項→会社法366条１項）。定款または理事会の決議により特定の理事を招集権者として定めることができますが、その場合でも、他の理事は会議の目的事項を示して、招集権者に対し理事会の招集を請求することができます（法33条６項→会社法366条２項）。この場合において、請求があった日から５日以内に、その請求日から２週間以内の日を会日とする理事会招集通知が発せられない場合には、その請求をした理事は自ら理事会を招集することができます（法33条６項→会社法366条３項）。

また、理事は、理事会に出席する前提として、理事会の招集通知を受ける権限、理事会の権限に属する議題についての審議・決定に参画する権限を有します。ただし、議題に関しその決議に特別の利害関係を有する理事は、その議決には加われません（法33条２項）。

なお、各理事が個別に権限行使できるか、理事会を通じてのみ行使できるかに関しては議論のあるところですが、各理事は理事の職務執行を監督するために必要な業務・財産の調査権を有しています。

さらに理事会の監督権限の発動の一環として、理事には代表理事等他の理事の行為の差止請求権（法35条の４第１項→会社法360条１項）が認められているほか、組合の設立、合併、組織変更、分割など組合の組織に関する行為の無効の訴え、総(代)会決議の取消の訴えを提起する権限が与えられています（法63条の２・69条・70条２項・75条・70条の７等→会社法828条、法47条→会社法831条）。

このほか、理事は、総(代)会において組合員から特定の事項について説明を求められた場合には、代表理事に限らず必要な説明をしなければならない義務を負っています（法46条の２）ので、その前提として理事は組合員でない場合であっても総(代)会に出席する権限をもっていることになります。

Column

権限と権利

「権限」とは、代理人や法人の機関が、法律上与えられ、またはつかさどる職務の範囲において、することができる行為もしくは処分の能力、または行為もしくは処分の能力の限界もしくは範囲を表すことばで、通常、職務権限のように職務と対応して用いられます。これに対し、「権利」というのは、一定の利益を自己のために主張することのできる、法律上保障された力をいいます。

３．代表理事等

（１）代表理事・業務執行理事とは

理事会は会議体の機関ですので、その決定したところを自ら実行するには適さないばかりでなく、業務執行の決定であっても、その細目にわたり、または組合事業の通常の経過（常務）についてまでも逐一自ら行うことはほぼ不可能といえます。そこで、理事会の決定を執行し、また常務について専決執行するところの機関を必要とすることになります。

①　代表理事

代表理事とは、組合の業務に関する一切の裁判上または裁判外の行為をする権限を有する理事のことをいいます（法35条の３第２項）。

組合は、理事会（経営管理委員設置組合にあっては、経営管理委員会）の決議をもって代表理事を定めなければならないことになっています（同条１項）。

通常、定款等の定めに基づく組合長、専務理事等といった役職の肩書をもった理事が代表理事に選任されていますが、肩書の役職と代表理事とは法律上は全く別個のものです。

②　業務執行理事

業務執行理事とは、代表理事以外の業務の執行を担当する理事のことをいいますが、代表理事とは異なり法律上に規定のあるものではありません。

通常、日常の業務は、代表理事ではない専務理事や常務理事の役職の理事が特定の部門を分担して担当することが行われています。また、とくに役職の肩書を付さずに特定の部門の業務執行を担う理事を置く場合があります。

（2）代表理事等の権限

①　代表理事

代表理事という名称は、組合代表の側面からとらえられたものですが、組合代表は、対内的にみれば常に業務執行にほかなりません。したがって、定款をもって総(代)会、理事会（経営管理委員設置組合にあっては、理事会および経営管理委員会）において決すべき事項とされている事項を除き、業務執行に関する意思決定権も代表理事の権限の範囲に含まれることになります。

なお、この代表理事の権限について、定款等によって制限を設けることができます。例えば、特定の行為については、理事会の承認を受けずに行えないようにしたり、複数の代表理事がいる場合には複数の理事が共同で代表行為をするようにしたりすることなどです。

ただし、これらの制限は内部的な制限ですので、これをもって善意の第三者には対抗できません。いいかえれば、その制限のあることを知らない第三者に対して、その代表理事の行った行為が権限の範囲外の行為であるという理由で無効を主張し得ないということになります（法35条の4第2項→会社法349条5項)。

これに対し、総(代)会または理事会で決議することが法律上必要な事項について、代表理事がその決議を経ずに行為した場合の効力については明文がなく、一般理論により、すなわち決議を要求することにより守ろうとする組合の利益と代表理事を信頼して行為した第三者との利益を比較衡量して、各個に決すべきことになりましょう。

また、代表理事は、定款または総(代)会もしくは経営管理委員会の決議によって禁止されていないときにかぎり、特定の行為の代理を他人に委任することができます（法35条の3第3項)。

②　業務執行理事

業務執行理事は、定款等の定めに従い、理事会から委任を受けた特定の業務の範囲でのみ、その意思決定とその執行を行うことができます。この点で代表理事の権限とは大きく異なることになります。

４．経営管理委員

（１）経営管理委員の職務

経営管理委員とは、組合の業務の基本方針等の決定など定款で定める組合の業務執行に関する重要事項を決定する経営管理委員会の構成員という地位にある者をいいます（法34条）。

したがって、その基本的職務は、経営管理委員会の構成員として、経営管理委員会の権限の行使に参加することになります。

（２）経営管理委員の権限

経営管理委員がその構成員である経営管理委員会の職務については、農協法で個別に経営管理委員会の承認等を要するものとして定めているもの以外は、定款の定めるところに全面的に委ねられています。

なお、経営管理委員を置いた組合の理事および代表理事は、総会・理事会ではなく、経営管理委員会が選任することになっています（法30条の２第６項、35条の３第１項）。

経営管理委員会には、理事会のように理事の職務の執行を監督するといった規定がありません。しかし、組合の業務執行に関する重要な事項を決定することが予定されている機関であり、理事および代表理事を選任して具体的な業務執行を理事会および代表理事に委ねることになっています。そして、理事は、経営管理委員会の決議等を遵守してその職務を行うべきものとされています（法35条の２第１項）ので、少なくとも経営管理委員会の決議したことがらに関連する理事の職務の執行については、経営管理委員会は監督義務を負うものと解されます。そのため、経営管理委員会は、理事をその会議に出席させて、必要な説明を求めることができるとされています（法34条４項）。

したがって、経営管理委員の権限は、経営管理委員会に出席し、法令および定款によって経営管理委員会の権限とされている事項についての審議・表決に加わるとともに、経営管理委員会を通じ、必要な範囲で理事の職務執行の状況を監督するということになります。経営管理委員会の招集権者や特別利害関係のある事項に関してはその決議に加われないことなどについては、理事会の場合と同様です（法34条10項→33条）。

なお、組合の設立、合併、組織変更、分割など組合の組織に関する行為の無効の訴え、総会決議の取消しの訴えを提起する権限は、理事と同様、経営管理委員にも与えられています（法63条の２・69条・70条２項・75条・70条の７等→会社法828条、法47条→会社法831条）。

このほか、経営管理委員は、役員として、総(代)会において組合員から特定の事項について説明を求められた場合には、必要な説明をしなければならない義務を負っています（法46条の２）ので、総(代)会に出席する権限をもちます。

5．監　事

（1）監事の職務

監事は、組合員（会員）に代わって、理事および経営管理委員の職務の執行を監査する機関です（法35条の５第１項）。

組合の会計に限らず、組合の業務全般にわたって監査する職務・権限を有し、代表理事や業務担当理事の業務執行はもとより、それ以外の理事および経営管理委員の職務の遂行さらには理事会や経営管理委員会の決議もその監査の対象となります。

（2）監事の権限

監事には、その監査の職務が適正に遂行できるように、次に掲げる各種の権限が与えられています。これらは、機関としての監事に与えられた権限ですので、同時に義務でもあるということになります。したがっ

Column

違法性の監査と妥当性の監査

監事の監査が、理事および経営管理委員の職務の執行が法令または定款に違反しないかどうかのいわゆる適法性監査のほか、それが組合の目的に照らして合目的的かどうかという妥当性の監査にまで及ぶかどうかについては、理事会の業務監査権との関係で議論があります。理事会の監督権限が、業務執行に関する意思決定や代表理事の選・解任権を通じ、適法性のみならず妥当性にも当然に及ぶのとは異なって、主として業務執行の事後的な矯正のための権限行使にとどまります。しかしながら、組合員代表訴訟の提起の請求があった場合に理事や経営管理委員に対する訴えを組合が提起しない場合に、その理由等の通知をする必要があることや理事の違法行為に基づく責任の減免に関する議案の提出に際し、その減免の妥当性を判断する必要があることなどからも、妥当性監査が監事の職務権限の範囲外であるということはいえないでしょう。

て、次に義務として記述しているものについても、その背後にはその義務を履行するための権限を含むということになります。

この監事の権限は、各自が単独で行使することができ、監事間で職務を分担することがありますが、その場合でも各自が分担した職務以外において権限を行使することを妨げることはできません。また、職務を分担したからといって分担した職務以外の事項に関し責任を免れることはありません。

①　監査の基本的権限等

ａ．事業報告請求権・業務財産調査権

監事は、いつでも、理事、経営管理委員および参事その他の使用人に対し、事業の報告を求め、または組合の業務および財産の状況を調

査することができます（法35条の５第２項）。この報告および調査の権限は、監事がその任務を遂行するうえでの最も基本的な権限です。

なお、この職務権限に照応して、法律は、理事および経営管理委員に対し、組合に著しい損害を及ぼすおそれがある事実を発見したときは、直ちにその事実を監事に報告すべきことを求めています（法35条の４第１項→会社法357条１項）。また、監事は、理事が不正の行為をし、もしくはその行為をするおそれがあると認めるとき、または法令もしくは定款に違反する事実もしくは著しく不当な事実があると認めるときは、遅滞なく、その旨を理事会および経営管理委員会に対し（法35条の５第３項）、さらに経営管理委員が不正の行為をし、またはその行為をするおそれがあると認められるときは、遅滞なく、その旨を経営管理委員会に対して報告すべきことが求められています（同条４項）。

b．子会社等調査権

親会社である組合の監事は、その職務を行うために必要があるときは、子会社等に対して営業の報告を求め、または子会社等の業務および財産の状況を調査することができます（法35条の５第５項→会社法381条３項）。

「子会社等」というのは、組合がその総株主等の議決権の100分の50を超える議決権を有する会社（当該組合およびその子会社の双方で、または当該組合の子会社だけでその意思決定機関を支配している他の会社も当該組合の子会社とみなされる）および組合がその総会員の議決権の100分の50を超える議決権を有する農業協同組合連合会をいいます（法35条の５第５項で準用する会社法381条３項の「子会社」の読替規定、施行令55条）。また、貯金等の受入れの事業を行う組合にあっては、組合がその経営を支配している当該組合の子法人等もここでいう子会社等に含まれます（命令57条の47）。

なお、親会社である組合の監事が子会社等に対して求めうるのは、親会社である組合の監事として、当該組合の監査の職務を行うために必要な場合、かつ、必要な範囲に限られます。また、報告を求めうるのは子会社の代表者に対してで、子会社等の支配人その他の使用人に対して直接報告を求めることはできません(法35条の５第２項対照)。また、必要があれば、子会社等の業務および財産の状況を調査することができますが、子会社等も法律上独立した法人ですので、正当な理由があるときは上記の報告または調査を拒むことができることとされています（法35条の５第５項→会社法381条４項)。

ｃ．会計監査人に対する報告徴収権

後述の会計監査人設置組合の監事は、その職務を行うために必要があるときは、会計監査人に対し、その監査に関する報告を求めることができます（法37条の３第１項→会社法397条２項)。これに照応し、会計監査人には、その職務を行うに際して理事または経営管理委員の職務遂行に関し不正の行為または法令・定款違反の重大な事実を発見した場合には、遅滞なく、監事に対してこれを報告する義務が認められます（法37条の３第１項→会社法397条１項)。

会計監査人設置組合の監事が会計監査人に対して報告を求めることができるのは、監事が監査業務を行うために必要な場合、かつ、必要な範囲に限られますが、監事の調査は、会計監査人の監査の方法および結果が相当であるかどうかの点にも及びますので、その調査のために必要であれば、会計監査人の行う監査の方法・経過などについても報告を求めることが可能でしょう。

一方、会計監査人設置組合の監事の監査報告には、「会計監査人の職務の遂行が適正に実施されることを確保するための体制に関する事項」を記載すべきこととされていますので、監事には、これについての調査義務があることになります。

ｄ．総会提出議案・書類の調査報告義務

監事は、理事または経営管理委員が総(代)会に提出しようとする議案および書類を調査し、法令もしくは定款に違反しまたは著しく不当な事項があると認めるときには、総(代)会にその調査の結果を報告しなければなりません（法35条の５第５項→会社法384条)。

なお、調査を要する総(代)会提出の書類には、計算書類等が含まれますが、これらの書類については、別途、監査をし、その結果を監査報告として、通常総(代)会にこれらの書類とともに提出または提供されることになります（法36条８項)。

e．理事会・経営管理委員会への出席義務等

監事は、理事会および経営管理委員会に出席し、必要と認めるときは意見を述べなければなりません（法35条の５第５項→会社法383条１項本文)。

なお、経営管理委員設置組合にあっては、監事の中から特に理事会に出席する監事を定めることができることとされています（法35条の５第５項→会社法383条１項ただし書)。なお、その場合でも他の監事は理事会に出席することを妨げられません。

また、必要があれば、業務財産調査権を行使して、常務会等にも出席することも可能でしょう。

②　監査に付随する是正権限等

a．理事会・経営管理委員会への出席義務等

前述のとおり。

b．理事会・経営管理委員会招集権

監事は、理事が不正の行為をし、もしくはその行為をするおそれがあると認めるとき、または法令・定款に違反する事実もしくは著しく不当な事実があると認めるときは、遅滞なく、その旨を理事会（経営管理委員設置組合にあっては、理事会および経営管理委員会）に報告しなければなりません（法35条の５第３項)。また、同様に、経営管理委員が不正の行為をし、またはその行為をするおそれがあると認めるときは、遅滞なく、その旨を経営管理委員会に報告しなければなりません（同条４項）。

このため、必要があるときは、監事は理事会または経営管理委員会の招集を請求することができることになっています（法35条の５第５項→会社法383条２項）。

c．違法行為差止権

監事は、理事が組合の目的の範囲外の行為その他法令・定款に違反する行為をし、またはこれらの行為をするおそれがある場合において、これによって組合に著しい損害が生ずるおそれがあるときは、理事に対しその行為を止めるべきことを請求することができます（法35条の５第５項→会社法385条１項）。

d．理事と組合間の訴訟の代表権

監事は、組合が理事または経営管理委員（退任した者を含む）に対し、または、理事または経営管理委員（退任した者を含む）が組合に対し、訴えを提起する場合には、その訴えについて組合を代表します（法35条の５第５項→会社法386条１項）。

この訴訟に関し組合を代表するということは、組合が理事または経営管理委員に対する訴えを提起するかどうかの決定も監事の権限に属することを意味しています。

また、このため、組合員が組合に対して理事または経営管理委員の責任を追及する訴えの提起を請求する場合（法41条→会社法847条１項）にも、監事が組合を代表してその請求を受けるべきものとされています（法35条の５→会社法386条２項１号）。

e．理事等の責任の免除への同意権

監事には、理事（経営管理委員設置組合にあっては、経営管理委員）が、理事、経営管理委員の組合に対する責任の免除に関する議案を総(代)会に提出するについては、同意・不同意の判断をする権限が与えられています（法35条の６第６項）。

f．各種の提訴権

監事は、総(代)会の決議取消しの訴え（法47条)、出資１口金額減少無効の訴え（法50条３項)、合併無効の訴え（法69条)、新設分割無効の訴え（法70条の７)、組織変更無効の訴え（法75条、同条を80条、86条および92条で準用)、設立無効の訴え（法63条の２）を提起することができます。

③　監事の地位の安定・強化に関する権限

a．監事の選任議案についての同意権等

監事は、監事の選任に関する議案を総(代)会に提出することについて、同意・不同意の判断をする権限が与えられており、理事（経営管理委員設置組合にあっては、経営管理委員）は、その議案を総(代)会に提出するについては監事の過半数の同意を得なければならないとされています（法35条の５第５項→会社法343条１項)。

また、監事は、理事（経営管理委員設置組合にあっては、経営管理委員）に対し、監事の選任を総会の目的とすることやその選任議案を総(代)会に提出することを請求することができます（法35条の５第５項→会社法343条２項)。

b．選・解任についての意見陳述権等

監事は、総(代)会において監事の選任もしくは解任について意見を述べることができます（法35条の５第５項→会社法345条１項)。

なお、選任議案については、現任理事からは独立した推薦委員会において決定することとしているのが通例で、また、監事の解任は所定の改選請求の手続によらなければならないこととされていますので、この規定に基づいて意見を述べることは実際上はないと思われます。

c．辞任に関する意見陳述権

監事は、総(代)会において監事の辞任について意見を述べることができます（法35条の５第５項→会社法345条１項)。

また、監事を辞任した者も、辞任後最初に招集された総(代)会に出席し、辞任した旨およびその理由を述べることができることとされています（法35条の５第５項→会社法345条２項）。このため、辞任した監事に対しても総(代)会が招集される旨を通知しなければならないこととされています（法35条の５第５項→会社法345条３項）。

ｄ．報酬等に関する意見陳述権

監事は、総(代)会において、監事の報酬等について意見を述べることができます（法35条の５第５項→会社法387条３項）。

ｅ．会計監査人の選・解任等に関与する権限

会計監査人設置組合の監事には、会計監査人の選任・解任・不再任に関する議案を監事の過半数をもって決定する権限が与えられています（法37条の３第１項→会社法344条１項・２項）。また、監事は、会計監査人が欠けた場合には、全員の同意をもって仮会計監査人を一時的に選任しなければなりません（法39条２項・３項、37条の３第１項→会社法340条２項）。

なお、会計監査人に任務懈怠等がある場合には、監事は、その全員の同意をもって会計監査人を解任することができます（法37条の３第１項→会社法340条１～３項）。

このほか、理事が会計監査人の報酬等を定めるにあたって、監事はその過半数をもって同意する権限が与えられています（法37条の３第１項→会社法399条）。

④　その他の権限（総会招集権）

以上の諸権限のほかに、監事には、組合の運営が円滑に行えるよう、理事（経営管理委員設置組合にあっては、経営管理委員）の職務を行う者がいないとき、または組合員からの適法な総会開催請求があった場合において、理事（経営管理委員設置組合にあっては、経営管理委員）が正当な理由がないのに総会招集手続をしないときには、総会を招集する権限（義務）が与えられています（法43条の4第2項）。

6．員外監事

（1）員外監事とは

員外監事とは、次の要件のすべてを満たす監事のことをいいます（法30条14項）。これは、組合との直接的な利害関係を有さない者を監事にすることで客観的で実効的な監査ができることを期待したものです。

① 農業協同組合にあっては、当該農業協同組合の組合員または当該農業協同組合の組合員たる法人もしくは団体の役員もしくは使用人以外の者、農業協同組合連合会にあっては、当該農業協同組合連合会の会員たる法人の役員または使用人以外の者であること

② 就任前5年間当該組合の理事もしくは使用人または子会社の取締役、会計参与（会計参与が法人であるときは、その職務を行うべき社員）、執行役もしくは使用人でなかったこと

③ 当該組合の理事または参事その他の重要な使用人の配偶者または二親等内の親族以外の者であること

なお、就任時5年間の要件は、監事就任時において満たす必要があり、監事の任期中に5年経過した者が、その5年経過した日の翌日から員外監事として扱われるわけではありません。

員外監事か否かについては、その者が員外監事としての法定の資格を有するか否かという客観的条件によって決まり、また常勤であるか非常勤であるかは問題になりません。

（2）員外監事の設置義務がある組合

員外監事を置かなければならない組合は、一定規模以上の信用事業または共済事業を行う農業協同組合と、連合会のうち信用事業または共済事業を行う連合会です（法30条14項柱書）。

一定規模以上の農業協同組合というのは、信用事業を行う農業協同組合の場合には、事業年度の開始の時における貯金および定期積金の合計額が50億円以上、共済事業を行う農業協同組合の場合には、事業年度の開始の時における責任準備金の合計額が50億円以上であるものをいいます（施行規則77条１項）。

（３）員外監事を欠いた場合

員外監事を置かなければならない組合において員外監事を欠いた場合には、それが短期間にとどまるときは、監事監査が当然に違法となることはありません。

しかし、員外監事を欠いた状態での監事の監査報告は、監事が法定の員数を欠いた場合と同様、瑕疵を帯びたものとなります。すなわち、各監事の監査報告において会計監査人の監査報告における貸借対照表および損益計算書についての適正意見を相当でないと認めた旨の記載がないときでも、貸借対照表および損益計算書につき通常総会における承認が必要であると解されるほか、たとえ通常総会で承認を得たとしても、手続上瑕疵あるものとして決議の取消しの原因になるものと解されます。

なお、員外監事が欠けているにもかかわらず、その選出を怠っている場合には、50万円以下の過料に処せられることがあります（法101条１項29号）。

（４）員外監事の権限と義務

監事の権限と義務は、員外監事とそれ以外の監事とで何ら異なることはありません。

７．常勤監事

（１）常勤監事とは

常勤監事とは、原則として、組合の業務時間中はその組合の監査を行いうるような態勢にある監事をいいます。したがって、他の法人の常勤役員・使用人等を兼ねることは常勤監事を設けた趣旨からいって許されません。

これは、複雑・広汎な組合の業務に対する監査の実効性を上げるため、監事のうち少なくとも１人以上は常時監査の業務に従事することが望ましいとの考えに基づくものです。

（2）常勤監事の設置義務がある組合

常勤監事を置かなければならない組合は、一定規模以上の信用事業または共済事業を行う農業協同組合、それに連合会のうち信用事業または共済事業を行うものです。

これらの組合にあっては、監事の互選をもって常勤の監事を定めなければならないこととされています（法30条15項）。監事がこれに違反して常勤監事を定める手続をしなかったときは、50万円以下の過料に処せられることがあります（法101条１項30号）。

なお、一定規模以上の農業協同組合というのは、信用事業を行う農業協同組合の場合には、事業年度の開始の時における貯金および定期積金の合計額が200億円以上であること、共済事業を行う農業協同組合の場合には、事業年度の開始の時における責任準備金の合計額が200億円以上であるものをいいます（施行規則78条１項）。

（3）常勤監事を欠いた場合

常勤監事を欠いた場合は、員外監事を欠いた場合とは異なり、勤務の形態に関する問題にすぎません。したがって、それは一部の監事に義務懈怠があった場合と同様で、法定数以上の監事が監査を行っているかぎり、監査の効力には瑕疵がないと解されます。

なお、常勤監事が欠けているにもかかわらず、その選出を怠っている場合には、50万円以下の過料に処せられることがあります（法101条１

項30号）。

（４）常勤監事の権限と義務

常勤か非常勤かで職務権限に差異もなく、その義務と責任においても区別があるわけではありません。ただし、実際に責任を追及された場合には、常勤監事は非常勤監事よりも任務懈怠がなかったことに関し困難な立証の負担を負うことになるものと思われますので、任務懈怠責任が認められやすくなるといえるでしょう。

Ⅱ　役員の義務

１．役員と組合との法的関係

組合と役員の関係は、委任関係になります（法30条の３）。したがって、役員には、民法の委任の規定（民法643条～656条）が適用されます。

委任とは、法律行為（法律行為でない事務を含む）をすることを他人に委託することをいいます（民法643条・656条）。そして、受託者である組合の役員は、委託者である組合のために、組合に代わって委任された事務を処理することになります。

２．委任関係から生ずる義務

（１）善管注意義務

役員は、受託者として、委任の本旨に従い、善良な管理者の注意をもって、委任事務を処理する義務を負います（民法644条）。これを役員の善管注意義務といいます。

委任の本旨とは、委任契約の目的と委任された事務の性質に応じて最も合理的に処理するということをいいます。役員には委任された事務を処理するために、法律によって必要な権限が与えられています。その権限については、すでに説明しましたが、役員はその権限を適切に行使しなければならない注意義務を負うことになります。

その際の役員に求められる注意義務の程度は、役員個人が有している知識や能力、注意力によって判断されるものではなく、その地位にある者に一般的に要求される程度の注意義務によって判断されることになります。

（2）忠実義務

理事（経営管理委員設置組合にあっては、理事および経営管理委員）は、法令、法令に基づいてする行政庁の処分、定款等および総(代)会（経営管理委員設置組合にあっては、総(代)会および経営管理委員会）の決議を遵守し、組合のため忠実にその職務を遂行しなければならない義務を負っています（法35条の２第１項）。

この規定に基づく義務を忠実義務といっていますが、この義務と上述の善管注意義務とがどういう関係にあるかは議論のあるところです。

わが国の判例上は、取締役の忠実義務に関し、「民法644条に定める善管義務を敷衍し、かつ、一層明確にしたにとどまり、通常の委任関係に伴う善管義務とは別個の高度な義務を規定したものではない」（最大判昭45・６・24民集24巻６号625頁）とされており、通説です。農協法は、監事についても理事および経営管理委員の忠実義務に関する規定を準用しています（法35条の５第５項→35条の２第１項）ので、農協法においても同様に考えられています。

Column

善管注意義務と忠実義務

忠実義務に関する規定は、アメリカ法を参考に昭和25年改正で会社法（旧商法254条ノ３＝会社法355条）に導入され、農協法には昭和29年の改正でとり入れられた（現行法35条の２第１項）ものです。善管注意義務（duty of careまたはduty to exercise reasonable care and skill）が、理事が職務執行にあたって尽くすべき注意の程度に関する義務であるのに対し、忠実義務（duty of loyalty）は、理事がその地位を利用し組合の利益を犠牲にして自己または第三者の利益を図ってはならないという義務であると解すべきだとする見解が有力で、沿革的にみてもそのように解すべきでしょう。

なお、英米法と同じような意味で善管注意義務と忠実義務を別個の義務であると解すべきかどうかは別として、理事がその地位を利用し組合の利益を犠牲にして自己または第三者の利益を図ってはならないという義務を忠実義務と呼ぶほうがわかりやすいといえます。理事等の利益相反取引規制や競業避止義務等については、この忠実義務の具体的な義務の１つといえます。

3．農協法が定める具体的義務（その１）

（１）代表理事等の兼業・兼職の禁止

貯金または定期積金の受入れの事業を行う組合の代表理事、経営管理委員設置組合の理事ならびに組合の常務に従事する役員（経営管理委員を除く）および参事は、原則として、他の組合もしくは法人の職務に従事し、または事業を営むことが禁止されています（法30条の５第１項）。

これは、社会経済上、重要な機能を営む金融機関の業務運営は、一般貯金者その他の取引者に広く重大な影響を及ぼすものであることから、金融の業務に携わる役員は専らその業務に従事すべきであるとの要請に基づくものです。また、金融機関の代表理事等にあっては、他の法人の職務に従事することは、情実融資の弊害を招きかねませんので、こうした弊害を予防的に防止しようとする趣旨もそこには含まれています。

なお、これには例外があります。すなわち、他の組合の経営管理委員となる場合その他当該組合の業務の健全かつ適切な運営を妨げるおそれがない場合には、兼職・兼業が認められます。この兼職・兼業が認められる場合とは何かは、農林水産省令で定められています（施行規則79条）。

（2）監事の兼任禁止

監事は、理事および経営管理委員を兼ねることができないだけでなく、当該組合の使用人を兼ねることができません（法30条の5第2項・3項）。

これは、監事という機関の性質上、これらの地位を兼任することは自己監査となり、監事としての職務執行の公正を期しがたいという趣旨によるものです。

農協法には、当該組合の子会社の取締役もしくは支配人その他の使用人または当該子会社の会計参与（会計参与が法人であるときは、その職務を行うべき社員）もしくは執行役を兼ねることができない旨の会社法のような規定（会社法335条2項）はありませんが、監事の兼任禁止の趣旨からすれば、好ましいことではありませんので、避けるようにすべきでしょう。

（3）禁止規定に違反した場合

代表理事等の兼業・兼職の禁止および監事の兼任禁止規定に違反した場合には、50万円の過料に処せられることがあります（法101条1項31号）。

このほか、違反した役員だけを対象とする役員改選請求の事由（法38条３項ただし書）となり、また組合に対する行政庁の必要措置命令（法95条）の対象の原因ともなります。

４．農協法が定める具体的義務（その２）

（１）利益相反取引の規制

理事および経営管理委員（以下、利益相反取引に関して「理事等」という）は、次の取引をしようとするときは、理事会（経営管理委員設置組合にあっては、経営管理委員会。以下この利益相反取引に関して同じ）において、その取引につき重要な事実を開示し、その承認を受けなければなりません（法35条の２第１項・２項）。

①　自己または第三者のために組合と取引をしようとするとき

②　組合が理事等の債務を保証することその他理事等以外の者との間において組合と当該理事等との利益が相反する取引をしようとするとき

①の取引を直接取引、②の取引を間接取引と呼んでいますが、理事等と組合との間の取引につき、このような規制をしたのは、理事等がその地位を利用して、組合の利益を犠牲にし、自己の利益を図ることを防止するためです。

なお、この規制の趣旨に照らし、行為の性質上利害衝突のおそれがなく、理事等が組合の利益を犠牲にして私利を図る余地のない行為は含まないと解されています。具体的には、組合が理事等から何らの負担のない贈与を受ける、あるいは無利息・無担保で金銭の貸付けを受ける、さらには組合または理事等が債務の履行をしたり、すでに相殺適状にある債権債務について相殺をするような場合などです。

このほか、普通取引約款による運送契約、倉庫寄託契約、設備利用契約、貯金契約、共済契約なども、裁量により組合の利益が害されるおそれがないのが通常で、原則として、理事会の承認を要する取引には含まれないと解されています。

ところで、監事と組合との取引に関しては、利益相反取引の規制はありません。これは、監事が理事等とは異なり組合の業務執行に携わらないため、その地位を利用して組合の利益を犠牲にして自己または第三者の利益を図るおそれがないと考えられるためです。

(2) 承認を要する取引

① 直接取引

理事会の承認を要する直接取引というのは、理事等が自己または第三者のために(他人の代理人または代表者として)組合と行う取引であれば、その理事等が自ら組合を代表する場合であるか、他の理事等が組合を代表する場合であるかは問いません。これは、組合を別の理事等が代表しても両者が結託して取引をする危険があるからにほかなりません。

なお、組合と取引を行うのが他の法人であり、当該法人に複数の代表者がおり、当該他の法人を代表して組合と取引する代表者が組合の理事等以外の者である場合には、組合における承認は不要であると解されています。

この直接取引には、理事等と組合間の契約だけでなく、相手方に対する一方的意思表示(単独行為)である組合による理事等の債務免除(民法519条)等も含まれます。

② 間接取引

組合が理事等の債務を保証することその他理事等以外の者との間において組合と当該理事等との利益が相反する取引(間接取引)をしようとするときも、理事会の承認が必要です。

法律上は、債務の保証が明示されていますが、債務の保証のほかに組合が理事等の債務につき理事等の債権者に対して債務引受や担保を提供するといった例が典型的なものとして挙げられます。

この間接取引の規制は、組合がする取引であって、組合と理事等との利益が相反するものであればすべて含まれることになります。ただし、直接取引の場合と異なり、利益相反の地位にある理事等は取引の当事者として現われてこないため、具体的にどこまでの範囲のものが規制の対象となるかの判断は必ずしも容易ではありません。

参考までに、同様の規制のある会社の例ですが、取締役会の承認を要するとした過去の判例を挙げておきましょう。

・取締役が代表取締役をしている他社の債務を会社が保証する場合（最一小判昭45・４・23民集24巻４号364頁）
・取締役が会社を代表してなすその妻のための会社による連帯保証（東京高判昭48・４・26高民集26巻２号204頁。この事案は、当該取締役が個人として会社とともに保証人となっているケース）

（3）理事会の承認とその効果

利益相反取引をする場合には、その取引について重要な事実を開示して理事会の事前承認を受けなければなりません（法35条の２第２項）。

理事会の承認を受ける義務を負う理事等は、直接取引の場合には組合との間の取引の相手方となる理事等であり、間接取引においては当該取引により利益を受けることとなる理事等になります。

なお、理事会の承認の決議においては、取引の相手方たる理事等またはその取引につき利益相反関係にある理事等は、決議につき特別の利害関係を有するものとして議決には加わることができません（法33条２項）。

理事会の承認を受けた場合には、その取引が自己契約または双方代理に当たる場合であっても、自己契約および双方代理を禁止した民法108条の規定は適用されません（法35条の２第３項）。

理事会の承認を得た利益相反取引であれば、理事等の組合に対する責任が免れるかといえばそうではなく、内容によっては忠実義務違反として責任を問われる可能性は否定できません。

利益相反取引をした理事等は、取引終了後、遅滞なくその取引についての重要な事実を理事会に報告しなければなりません（同条４項)。この場合に報告の義務を負う理事等は、「取引をした理事」、すなわち直接取引にあっては組合の相手方の理事等および組合側を代表した理事であり、間接取引にあっては組合を代表した理事となります。

（４）違反した場合

理事会の承認を受けないでなされた取引は無効ですが、無権代理行為（民法113条）に準じて追認（理事会の事後承認）があれば有効となると解されています。

なお、農協法35条の２の規定の趣旨が、専ら組合の利益の保護にあることから、理事会の承認がないことによる取引の無効は、組合のみが主張することができ、取引の相手方である理事等および第三者の側からは主張することができないと解されています。

５．農協法が定める具体的義務（その３）

（１）総会における説明義務

役員は、総(代)会に出席し、議題や議案について説明するのは当然ですが、組合員が説明を求めた特定の事項についても説明をする義務を負っています（法46条の２)。したがって、総(代)会に出席する権限があると同時に出席する義務をも負っていると解されます。

（２）説明義務を免れる場合

総(代)会において説明を求められた事項が、次の場合には説明義務を免れます（同条、施行規則177条)。

①　会議の目的である事項に関しない場合

②　説明をすることにより組合員の共同の利益を著しく害する場合

③　説明をするために調査をすることが必要である場合

④　説明をすることにより組合その他の者（説明を求めた組合員を除く）の権利を侵害することとなる場合

⑤　同一の総会において実質的に同一の事項について繰り返して説明を求められた場合

⑥　説明をすることができないことにつき正当な事由がある場合

ただし、組合員が総(代)会の日より相当の期間前に当質問事項を組合に対して通知した場合および質問された事項について説明をするために必要な調査が著しく容易である場合には、調査の必要があることを理由に説明を拒むことができません（施行規則177条１号)。

なお、あらかじめ通知があった場合でも質問者が総(代)会に欠席した場合や現に質問をしなかったりした場合には、説明することが望ましいともいえますが、説明する必要はありません。

また、質問に答えることで第三者の権利を侵害することとなった場合には、不法行為による損害賠償の義務等が生ずる場合もありますので、留意が必要です。

（３）説明義務違反

役員が総(代)会での説明義務に違反し、正当な理由がないのに説明をしなかったときは、50万円以下の過料に処せられることがあります（法101条１項41号)。

また、決議の方法が法令に違反するものとして、決議の取消事由ともなります。

６．農協法に明文のない役員の義務

機関に与えられた権限は、その機関の構成員ないしは担い手である役員として、適切に行使することが義務でもあることは、前述しました。

ここでは、農協法上の明文はありませんが、判例等によって認められた重要な義務には、競業避止義務、理事の監視義務、そして内部管理体制構築の義務がありますので、説明しておきます。

（1）競業避止義務

組合の利益が害される事態を未然に防ぐ趣旨から、平成26年改正前の農協法は、組合の行う事業と実質的に競争関係にある事業を営み、またはこれに従事する者は、当該組合の理事、経営管理委員、監事、参事、会計主任または共済計理人になることを禁止する規定を置いていました(旧法42条)。

この規定は削除されましたので、役員が競業取引を行い、競業者の取締役等になったからといって直ちに法令違反とはなりません。しかし、役員は、組合に対し善良な管理者としての注意義務と忠実義務を負っていますので、役員自身のため、または第三者のために、組合が行っている事業に属する取引（これを競業取引といいます）を行うことによって、組合の利益を害するようなことはしてはならないという義務（競業避止義務）が認められます。

この義務に反し、組合に損害を与えた場合には、組合に対する損害賠償責任を負うとともに、法令違反として当該役員の改選(任)請求の事由となります。

なお、利益相反取引の場合とは違い、競業取引を行うに際しての重要な事実を開示しての事前の理事会等の承認（会社法356条１項１号参照）や取引後の報告（会社法365条２項）といった予防的措置に関する義務は課されていませんので、理事会等の承認を受けなくても法令違反とはなりません。また、承認を受けないで取引を行った場合の損害額の推定の規定（会社法423条２項参照）もありませんので、義務違反の認定は簡単ではないといえます。

（2）監視義務

代表理事が他の代表理事の行為について監視義務を負うことは当然として、代表理事には他の代表権のない理事の行為についても監視義務が認められます。

また、代表権のない理事は、理事会の構成員として、理事会に上程されたことがらだけ監視するにとどまらず、代表理事の業務執行一般につき、監視する義務を負う（株式会社の例ですが、最三小判昭48・５・22民集27巻５号655頁参照）とともに、代表権のない理事の行為についても監視義務を負うものと解すべきでしょう。

なお、代表権のない理事の場合、業務執行理事の場合とそれ以外の理事の場合とでは、代表理事その他理事の違法・不適正な行為を知り、また知り得べき事情は異なりますが、他の理事の違法・不適正な行為を知り、知り得たにもかかわらず、何らの措置も講じない場合には任務懈怠責任が認められることになります。

なお、業務執行における管理組織上、その上位にいる理事は、その指揮・命令権を通じて下位の事理の業務執行状況を知り得る立場にいますので、他の理事の職務執行に関する監視（監督）義務は事実上重くなると解されます。

（3）経営管理委員の監視義務

経営管理委員会には、理事会と異なり、理事の業務執行を監督する旨の規定はないため、経営管理委員が積極的な意味で理事の監視義務を負うのかどうかは必ずしも明らかではありません。

しかし、経営管理委員会は、業務執行に関する重要な事項について決定する権限をもち、理事をその会議に出席させて必要な説明を求めることができる旨の規定が置かれています（法34条３項・４項）。

また、経営管理委員自身は、業務執行に従事することはありませんが、経営管理委員会が理事を選任するとともに代表理事の選任・解任する権限をもっています(法30条の２第６項、35条の３第１項。ただし、理事の解任権は、解任請求に基づく権限として総(代)会に留保されている)。

したがって、経営管理委員は、経営管理委員会を通じて理事の職務執行を監視する義務を負うことになると解されます。

（4）内部統制システムの構築義務

理事は、理事会の構成員の１人として代表理事等の行為について監視義務を負っているわけですが、各理事が業務執行を担う理事の行為、その指揮命令下で日常の業務を執行する従業員の行為に絶えず目を光らせることは、組合の規模が大きく事業が複雑になるにつれて不可能になります。

したがって、監視義務を履行する上で重要なことは、業務執行が適正に行われる仕組みをつくること、すなわちそのためのルール、ルールを管理・運用する組織、ルールを実効あらしめるための手続を定め、その仕組みを通じて行うということになってきます。

農協法には、大会社等についての会社法の規定やこれに倣った信用金庫法における規定のように、理事の職務の執行が法令および定款に適合することを確保するための体制その他組合の業務の適正を確保するために必要な体制の整備（いわゆる内部統制システム）を理事会で決定すべき旨の定め（会社法362条４項６号、信用金庫法36条５項５号等参照）がありませんが、理事としての善管注意義務の一内容として、代表理事等の職務執行についての監視義務の履行を実効あらしめるための措置として、組合の事業の規模・特性等に照らし相応の内部統制システムを構築・運用する義務というものが一般に認められます。

農協法には、この内部統制システムの構築について理事会で決定すべき旨の定めはないため、理事会で決定しないこと自体で法令違反とはなりませんが、適切な内部統制システムの構築を怠った場合には、理事は善管注意義務違反に問われうることになります。

なお、理事会で決定するとしても、理事会では内部統制システムの構築に関する基本方針のみで、その具体的細目については、業務執行を委任された代表理事等において定めることで差し支えはありません。また、代表理事等、組合の業務執行を委任された役員にとっては、自らの所掌事項である事項については、その指揮・命令権を通じて下位の理事や部下である職員を通じ行うことになりますので、委任された事務を懈怠なく執行したことを疎明するためにも内部統制のための具体的な仕組みを構築・運用することは必要だといえるでしょう。

また、農協法には、代表理事その他業務執行理事が、３ヵ月に１回以上、職務の執行状況を理事会に報告しなければならない旨の定め（会社法363条２項、信用金庫法36条６項参照）はありませんが、理事会または経営管理委員会から求められれば当然、求められない場合でも定期的に報告するようにすべきでしょう。

そして、適切に構築された内部統制システムに基づき、個々の理事の職務執行に対する監視が行われているかぎり、原則として、理事の監視義務違反の問題は生じないと解して差し支えないでしょう。

なお、経営管理委員会としては、原則的には、理事が適切な内部統制システムを構築しているか否かをチェックし、理事からその運用状況についての報告を求めるなど、間接的に監視することを通じて、監視義務を果たすことになるでしょう。

Column

内部統制とコンプライアンス

「コンプライアンス」とは、「法令遵守」を意味する言葉ですが、遵守すべきは単に「法令」だけではなく、各種の業務運営に関する内部規程やルール、社会常識や良識にもとづく「社会規範」のほか、JAの理念や社会的責任（CSR）といった「企業倫理」なども含んでいます。「法令」は最低限守るべき規範ですが、今日ではSDGs（持続可能な開発目標）や環境保全など、JAが社会的に求められる役割も多くなってきています。

いったんコンプライアンス違反が起きてしまうと、組合員はもとより社会的信用を失い、最悪の場合には経営破綻に追い込まれることにもつながりかねません。コンプライアンスは「企業の命綱」といわれるゆえんもここにあります。

一方、「内部統制」というのは、「コンプライアンス」などにより不正を防止するなど業務の適正を確保するための手段です。先の「内部統制システムの構築義務」の項（34頁）で述べた「理事の職務の執行が法令および定款に適合することを確保するための体制」というのは、とりもなおさずコンプライアンス体制を意味します。

コンプライアンスの実践や内部統制は、単に体制を整えるだけでは十分ではなく、それらが有効に機能しているかを絶えず検証し、必要な改善を施していかなくてはなりません。とりわけ、不祥事で失った信用は簡単には取り戻せませんので、コンプライアンスに関しては、そうした事態を招かないようコンプライアンス違反を経営上のリスクとして管理するという意識が必要で、役職員のコンプライアンス意識を高めることが重要になってきます。

そのためにも、従業員の労働環境を改善し、風通しがよい人間関係の良好な職場にすることが重要です。JAの経営理念や価値観に沿って健全な経営を目指す意識が職場に徹底できなければ、いくら時間をかけてコンプライアンス体制や内部統制を整備・構築したとしても形骸化しやすくなります。

形骸化しないようにするには、コンプライアンスや内部統制の目的を見失わないようにすることが大切です。経営者は、経営理念やJAの価値観を明確に打ち出し、それらを組織内で共有するとともに、その理念・価値観に沿って行動することがコンプライアンスに基づく経営としては最も肝心なことであるといえるでしょう。

第3章

理事の選任・解任、報酬等の決定等

理事の資格と選出手続等

1．理事の資格

理事の資格については、一定の者は理事になれないという消極的資格（欠格事由）に関する定めと、理事の構成員の一定割合は農業者である組合員でなければならないといった積極的資格に関する定めが置かれています。

（1）理事の法定欠格事由

次の者は、理事にはなれません（経営管理委員および監事についても同じです）（法30条の4第1項）。

① 法人

② 成年被後見人もしくは被保佐人または外国の法令上これらと同様に取り扱われている者

③ 農業協同組合法、会社法もしくは一般社団法人及び一般財団法人に関する法律の規定に違反し、または民事再生法もしくは破産法の特定の罪を犯し、刑に処せられ、その執行を終わり、または執行を受けることがなくなった日から2年を経過しない者

④ ③に掲げる法律の規定以外の法令の規定に違反し、禁錮以上の刑に処せられ、その執行を終わるまで、またはその執行を受けることがなくなるまでの者（執行猶予中の者は除く）

以上は、すべての組合の理事に共通する欠格事由ですが、これらに加え、信用事業または共済事業を行う組合にあっては、破産手続開始の決定を受け復権しない者も理事になれません（同条2項1号）。

さらに、信用事業を行う組合の理事にあっては、金融商品取引法に定

める特定の罪を犯し、刑に処せられ、その執行を終わり、またはその執行を受けることがなくなった日から２年を経過しない者も、組合の理事にはなれません（同項２号）。

（２）委任の終了事由との関係

役員と組合との関係は、委任関係（法30条の３）ですので、理事がその任期中に、①死亡した場合、②破産手続開始の決定を受けた場合、③後見開始の審判を受けた場合には、その時点で委任が終了し（民法653条）、理事はその地位を失うことになります。

なお、法定欠格事由で述べたように、信用事業や共済事業を行っていない組合にあっては、破産手続開始の決定を受けて復権を得ない者が欠格事由とはなっていません。したがって、理事がその任期中に破産手続開始の決定を受ければ委任が終了し、理事はその地位を失うことになりますが、復権を得ない間であっても理事に選出されて理事に再度就任することは可能になります。

これは、中小会社の場合には経営者が会社の債務の連帯保証人になる実態があり、会社の破産と同時に経営者が破産するケースが少なくなく、復権を得られるまで役員になれないのも不都合だという理由で、新会社法の制定の際に破産手続開始の決定を受けて復権を得ない者が役員の欠格事由から除外されたことを踏まえたものです。

（３）理事の法定の積極的資格

理事については、個々人の資格ではありませんが、その定数の少なくとも３分の２は、農業協同組合にあっては正組合員（法人にあってはその役員）、農業協同組合連合会にあっては当該連合会を直接または間接に構成する農業協同組合の正組合員（法人にあってはその役員）でなければなりません（法30条11項本文）。

これは、組合の事業の性格に照らし、組合員自らが経営に従事することが望ましいという考えと、農協法における組合に対する非農民的支配の排除の原理から定められているものです。なお、組合の健全な発展のためには経営の専門能力を有する理事を正組合員以外に求める必要性もあるという考えから、定数の３分の１未満の範囲で正組合員以外の者が理事に就任することをできるようにしています。

ただし、設立時（合併による設立を除く）の理事については、農業協同組合の理事にあっては、その農業協同組合の正組合員である農業者（選出される資格としては正組合員たる資格を有する農業者（法人にあっては、その役員）で設立の同意を申し出た者）でなければなりません（法30条11項ただし書）。また、農業協同組合連合会の理事にあっては、その農業協同組合連合会を直接または間接に構成する農業協同組合の正組合員たる農業者（選出される資格としては、設立の同意を申し出た組合の正組合員たる農業者（法人にあっては、その役員））であることが必要です（同項ただし書）。

これは、農協法における非農民的支配の排除の原理に基づき、後々の組合の管理・運営に重要な影響を及ぼす設立当時の管理・運営を純粋に農業者の手で行わせようとの趣旨によるものと考えられます。

以上の資格要件に加え、農業協同組合の理事の定数の過半数は、農林水産省令で定める一定の場合を除き、次のいずれかの者をもって構成しなければならないことになっています（法30条12項）。

① 農業経営基盤強化促進法13条１項に規定する認定農業者（法人にあっては、その役員）

② 農畜産物の販売その他の当該農業協同組合が行う事業または法人の経営に関し実践的な能力を有する者

このほか、資格要件ではありませんが、農業協同組合は、その理事の年齢および性別に著しい偏りが生じないように配慮しなければならないことになっています（法30条13項）。

（4）経営管理委員設置組合の理事の資格

経営管理委員設置組合にあっては、経営管理委員について理事と同様の積極的資格要件を設けることで、理事については(3)で述べたような格別の制限が設けられていません（法30条の2第8項）。したがって、組合員であるか否かにかかわらず、広く経営の適任者を理事に選出することができます。

ただし、その理事は、農畜産物の販売その他の当該農業協同組合が行う事業または法人の経営に関し実践的な能力を有する者のいずれかでなければなりません（同条7項）。

また、理事会制のもとでの理事の年齢および性別に著しい偏りが生じないように配慮しなければならないとする配慮義務に関する規定は、経営管理委員設置組合の理事には適用されません（同条8項）。

（5）定款による資格の制限

農協法は、公開会社の取締役を株主に限定することを禁止する会社法のような規定（会社法331条2項本文）を設けていません。

したがって、農協法の制度の趣旨に反しないかぎり、定款で理事を組合員に限定し、あるいは未成年者や日本国籍を有しない者を理事になることのできる者から除外することも可能であると解されます。

2．理事の兼任等の禁止

同一人が、同一組合の理事と経営管理委員および監事とを相兼ねることはできません（法30条の5第2項・3項）。

監事は、理事および経営管理委員の職務の執行を監査することを固有の職務としていますので、監事が理事または経営管理委員を兼ねることは、監事という独立の監査機関を必要にしたことと実質的に矛盾することになるからです。

なお、理事と経営管理委員との兼任の禁止は、現行の理事会とは独立した業務執行機関として経営管理委員会を設けることとしたこと、および経営管理委員の資格を限定する一方、理事の積極的資格に関しては格別の制限をしなかったこととの関係で設けられたもので、そうでなければ、業務執行機関を理事会と経営管理委員会に分けたことの意義がなくなるためであると考えられます。

この兼任禁止の規定は、就任資格を定めたものではなく、現職の経営管理委員または監事が理事に選任または当選した場合には、その選出行為自体を無効と解すべきではなく、選出当時における現職を辞任することを条件として効力を有し、被選出者が新たな選出された地位に就任することを承諾したときは、従前の職を辞任する意思を表示したものと解すべきでしょう。

この兼任禁止の規定に違反した場合には、違反した理事に対して過料の制裁（法101条1項31号）があるほか、その理事の任務懈怠による責任の原因となります。また、その役員だけを対象とする役員改選または解任請求の事由（法38条3項ただし書）となるほか、組合に対する行政庁の必要措置命令（法95条）が発せられる原因ともなります。

このほか、貯金等の受入れの事業を行う組合を代表する理事、経営管理委員設置組合の理事ならびに組合の常務に従事する役員（経営管理委員を除く）および参事は、他の組合の経営管理委員となる場合その他当該組合の業務の健全かつ適切な運営を妨げるおそれがない場合として農林水産省令で定める場合を除き、他の組合もしくは法人の職務に従事し、または事業を営んではならないとされています（法30条の5第1項）。

これは、これらの組合の理事等についての職務専念義務を課した規定であり、これに違反した場合の効果は上記の場合と同様です。

3．理事の員数

選出すべき理事の定数は5人以上（経営管理委員設置組合にあって

は、３人以上）で、それぞれ定款で定めなければなりません（法30条２項、28条１項10号、30条の２第４項）。

定款には「役員の定数」を記載すべきこととされており（法28条１項10号）、確定数をもって記載することを意味し、何人以上または何人以内と不確定数で定めることはできませんが、一定の合理的な範囲において何人以上何人以内と定めることは許されると解されます。

なお、貯金等の受入れの事業を行う組合においては、信用事業を担当する専任の理事１人以上を含め、常勤の理事を３人以上を置かなければなりません（法30条３項）。

４．理事の任期

（１）任　期

理事の任期、すなわち理事の地位にとどまることができる期間は、３年以内で定款に定める期間です（法31条１項）。

Column

任期の計算

任期は、民法の期間計算に関する規定に従って計算しますので、就任の時がその日の午前零時である場合はその就任の日から起算しますが、就任の時がその日の午前零時より後である場合はその就任の翌日から起算します（民法140条）。例えば任期が３年であれば３年後の起算日に応当する日の前日（最終の月に起算日に応当する日がないときはその月の末日）が任期の末日となり（同法143条）、任期の末日の終了によって任期満了となります（同法141条）が、その末日が事業年度の末日から当該決算期に関する通常総(代)会の会日までのいずれかの日である場合において、後述の任期伸長に係る定款の定めがあるときには、その定めに従って、その通常総(代)会の終結の時に任期満了となります。

なお、設立当時の理事については、発起による設立当時の理事にあっては１年以内で創立総会において定める期間、合併による設立当時の理事にあっては１年以内で設立委員の定める期間となります(同条２項)。

ところで、理事の任期を改める定款の変更がなされた場合には、当該定款を変更する定款に別段の定め（いわゆる経過規定）がなされないかぎり、定款の性質上、現任理事の任期も変更後の任期によるものと解されます。

（２）補欠理事の任期

理事が任期の途中で退任した場合、その補欠として選出された理事の任期は当然にして前任者の在任期間となるわけではありませんが、定款でもって前任者の残任期間とする旨を定めているのが通例です。

（３）任期の伸長

このように、理事の任期は３年（設立当時の理事の任期は１年）を超えることができないのが原則ですが、例外として、定款（設立時の役員については、創立総会の決議）で定めれば、この原則に従って定められた本来の任期中の最終の決算期に関する通常総(代)会の終結に至るまで、その任期を伸長することができます（法31条１項・２項)。

理事の選出の方法として選任制を採用している組合においては、理事の任期を「就任後３年内の決算期に関する通常総会の終結する時まで」としているが普通です。これによると、各回の理事の任期が、場合によっては３年に満たない場合も生じますが、農協法上、理事の任期は「３年以内において定款で定める」（法31条１項）とされていますので、３年より短いのは差し支えなく、また、場合によっては３年を超えることもあるわけですが、それは農協法31条１項ただし書の規定の範囲内ですので、これも差し支えないことになります。

この任期伸長規定の趣旨は、当該事業年度末まで組合の業務の執行を担当した理事に、その職務の執行の結果を報告させ、それに対する組合員等の質問に答弁させる機会を与えるのが適当であることと、定款に定める理事選出方法によっては、その通常総(代)会で後任の理事を選出することができる便宜とを考慮したものです。

この任期伸長制度は、任期の末日が事業年度の末日からその決算期に関する通常総(代)会の会日までの間に到来する場合に適用されますが、定款に通常総(代)会を開催すべき期限の定めがある場合において、その期限内に開催されなかったときは、その期限が任期の終期となると解されています。

5．理事の選出

理事と組合との法律関係は、委任の関係（法30条の３）です。委任契約は、申込みと承諾の意思表示によって成立するわけですが、組合が申込みまたは承諾の意思表示をなすべき相手方を定める意思決定をするのが理事の選出ということになります。

この選出については、選挙と選任という２つの方法がありますが、いずれの方法によるべきかは定款で定めなければなりません（法28条１項10号)。

選挙とは、正組合員が投票の方法によって選出する方法をいいますが、理事の選出は、定款で定めるところにより、総会において正組合員の無記名投票による選挙によって行うのが原則です（法30条４項・５項)。また、農業協同組合にあっては、設立時の理事を除き、定款の定めるところにより正組合員の無記名投票による選挙を総会外でも行うことができます（法30条４項ただし書)。

総会外で行う選挙は、総会の権能の行使ではありませんので、総会とは何ら関係のない組合の意思決定方法ですが、法律に定める選挙の方法には、正組合員の選挙権の適正な行使を妨げない場所に投票所を設けなければならないこと（法30条９項)、および書面または代理人により選挙権を行使することができないこと（法16条3項）を除き、総会で行う選挙の方法と同じです。

これに対し、選任の方法とは、定款の定めるところにより総(代)会の決議によって行う選出の方法をいいます（法30条10項、48条7項）。

選任の方法による選出にあたっては、総(代)会の招集通知には選任議案の概要（通知の段階で議案が確定していない場合には、その旨）を通知しなければなりません（法43条の5第1項3号、規則160条6号）。また、書面または電磁的方法による議決権の行使を認める場合の総(代)会参考書類には、①候補者の氏名、生年月日および略歴、②就任の承諾を得ていないときは、その旨、③候補者と当該組合との間に特別な利害関係があるときは、その事実の概要、および④候補者が現任理事であるときは、当該組合における地位および担当、を記載（または記録）しなければならないことになっています（選挙の方法による場合には農協法に特段の定めはありません）が、それ以外の議案の作成の方法、議決の方法など農協法に特に定めのない事項は、それぞれの組合の定款の定めるところによります。

なお、経営管理委員設置組合の理事については、以上述べた方法によらずに、経営管理委員会が選任することになっています（法30条の2第6項）。

Ⅱ 理事の終任

1．理事の終任

（1）理事の終任事由

理事は、①任期の満了、②辞任、③委任の法定終了事由の発生（理事の死亡、破産手続開始の決定または後見開始の審判を受けた場合）、④

解任、⑤資格の喪失、および⑥組合の解散によって、理事たる地位を失い退任することになります。

（２）理事の辞任

理事はいつでも辞任することができます。その場合、辞任の意思表示が組合に到達することにより当然に退任することになります。

なお、意思表示に条件を付すことは可能で、将来の一定の時をもって辞任する旨の意思表示も有効です。また、理事が代表理事に処置を一任して辞表を提出した場合には、辞任の効果は代表理事がその決定をした時に発生することになります。

このように、辞任は、その理由が何であるかにかかわらず、一方的な意思表示により可能ですが、組合にとって不利な時期に辞任した場合には、病気等やむを得ない事由があるときを除き、辞任したことにより生じた組合の損害を賠償しなければなりません（民法651条２項）。

（３）理事の資格の喪失

理事が、法令・定款に定める欠格事由に該当するに至ったときは、「資格」の性質上、その時に当然に退任することになります。

問題は、任期途中において組合員たる理事が組合員（組合員たる法人の役員）たる地位を失ったときは、どうなるかです。これに関しては、役員たる地位をも喪失するという見解がありますが、設立当初の理事は、その全員が正組合員でなければならないのでそのように解すべきですが、その後の理事の一定数は組合員資格を要件とはしていませんし、各理事の地位は組合員資格を前提としたものではありませんので、任期途中で組合員たる資格を喪失しても当然に理事たる地位を失うことにはならないと解すべきです。

この結果、正組合員以外の理事が農協法が許容する限度を超えることがありえます。この場合、違法状態であることには違いありませんので、速やかな改善が求められますが、理事全員が自発的に辞任するか、役員改選請求に基づく改選の手続による、または行政庁による改選命令に基づく措置を講ずるということになりましょう。

（4）理事の解任等

組合は、任期中の理事を農協法に定める役員の改選（経営管理委員設置組合にあっては解任）の手続（法38条）によって解任することができます。

ただし、この改選または解任請求は、法令・定款等違反を理由とする場合を除き、理事の全員（経営管理委員の全員または監事の全員）について同時にしなければなりません（同条3項）。これは、役員の地位の安定確保の趣旨によるものであると解されます。

法律をもって改選・解任する場合の手続がとくに設けられていることから、組合側からする理事との委任契約の解約は、この改選・解任手続によってのみ可能であると解されています。

なお、理事の地位を奪うことにはならない代表理事の解任は、理事会（経営管理委員設置組合にあっては経営管理委員会）の決議をもっていつでも行うことができます。

（5）改選等の手続

理事の改選請求は、改選または解任の理由を記載した書面を理事（経営管理委員設置組合にあっては、経営管理委員）に提出してしなければなりません（法38条4項）。

請求があったときは、その請求を総(代)会の議に付し、また総(代)会の日の7日前までに、その請求に係る役員にその書面またはその写しを送付し、かつ、総(代)会において弁明する機会を与えなければなりません（同条5項・6項）。

このための総(代)会は、請求があった日から20日以内に総(代)会を開

Column

改選請求と解任請求

経営管理委員を設置した組合の理事に関しては、解任の請求という表現をし、それ以外の組合の場合には改選の請求という表現をしています。経営管理委員設置組合の理事については、「解任を請求することができる」（法38条２項）としているのは、経営管理委員設置組合の総(代)会は、理事の選任権を有さず、請求の対象となった理事を解任すべき否かの決定権限だけが与えられているためです。

これに対し、改選の請求における「改選」とは、現役員の解職の効果をともなう新役員の選出を意味し、改選の請求が適法になされた場合には、総(代)会では改選すべきか否かを議決する意味ではなく、当然に直近の総(代)会において改選しなければならないものと解されてきました。それは、選挙制度のもとでは、改選された結果、現役員が再度役員に選出されることは否定されないために、改選が現役員に対する信任投票の効果をもあわせもつためだと解されます。しかし、平成４年の改正で、改選の請求があった場合でも総(代)会では当該改選の請求につき総(代)会において出席者の過半数の同意があったときに、その請求に係る役員はその時にその職を失うとする旨の規定が導入され、総(代)会で必ず改選する必要はなくなりましたので、「改選の請求」と「解任の請求」を使い分ける必要性はなくなったといえます。

ただし、総(代)会で役員の改選の請求が承認されると、その請求に係る役員はその地位を失い、辞任や任期満了の場合と異なって、後任者が就任するまで役員としての権利義務を有することになりませんので、役員に空白を生じます。この空白による不都合を避けるためは、あらかじめ改選請求に係る議案が提出される総(代)会で、新たな役員の選出が行えるようにする必要があります。

催することが必要で、理事（または経営管理委員）が正当な理由がないのに総(代)会の招集手続をしないときは、監事が総(代)会を招集しなければなりません（同条5項）。そして招集の義務を怠った役員は、過料に処せられます（法101条1項40号）。

総(代)会において出席者の過半数により改選または解任の請求を認める旨の議決があった場合には、その請求に係る理事は、その時にその職を失うことになります（法38条7項）。

2．欠員の場合の措置

（1）役員の補充

理事の終任により法律または定款で定める定数を欠くに至ったときは、一定期間内に補充すべき旨の規定は農協法にありません。そこで、欠員が生じた場合の補充の時期等については、定款（定款附属書の役員選挙規程または役員選任規程）に定めを置いているのが通例で、その定款の規定に従って補充の手続をとることになります。

（2）理事としての権利義務を有する者

組合は、業務に支障が生じないよう早期に後任者を選出すべきですが、終任の事由が任期満了または辞任による場合には、それにより退任した者は、法律上当然に、後任の理事が就任してその定数を満たすに至るまでなお理事と同一の権利義務を有するものとされています（法39条）。

この定めは、任期満了または辞任以外の事由による退任の場合は適用されません。

ところで、数人の理事が一度に退任して定数を欠くに至った場合において、その欠員の一部しか補充できなかった場合には、退任した理事全員が理事としての権利義務を有するものと解す以外にはありません。この結果、定款所定の員数を超えることがあり得ますが、やむを得ません。

理事は、退任により組合との間の権利義務関係が消滅し、理事ではなくなるわけですが、この場合には、その消滅と同時に、同一内容の権利義務関係が法律の規定によって新たに成立することになります。これによって、理事と同一の権利義務を有する者を、一般に理事職務執行者とよんでいます。

なお、この場合の権利義務を有する者の地位は、委任関係に基づく地位ではなく、法律が特に認めた地位ですので、辞任することも解任することもできません。

（3）仮理事等

理事の職務を行う者がいないため業務の遅滞により損害を生じるおそれがある場合において、組合員その他利害関係人の請求があったときは、行政庁は状況によっては自ら当該組合の総(代)会を招集して理事を選出させるか、一時的に理事の職務を行うべき者（仮理事）を選任することができることになっています（法40条１項)。

この仮理事の権限は、仮処分による職務代行者の場合と異なり、常務に属する行為にかぎらず、本来の理事と同じですが、理事が選出され欠員が補充されたときは、その時に当然に退任し、その地位を失うことになります。なお、仮理事の地位は、理事とは異なり、行政庁により選任された公的地位にあるものと解されますので、仮理事が辞任するには選任権者である行政庁の承認が必要であると解されます。

（4）補欠理事の選任等

農協法には明文の定めはありませんが、選任後の短期間において役員の欠員が生じた場合に備えて、あらかじめ補欠の役員を選任しておくことも可能です。

全国農業協同組合中央会が示した役員選任規程例には、補欠役員の選任に関する定めを置いていませんが、選挙規程例では、一定数以上の得票を得ながら当選人とならなかった者がいた場合、選挙後１年以内にその選挙によって選出された役員に欠員が生じた場合、その当選人にならなかった者の中の得票数の多い順に繰り上げ補充する旨の規定が設けられています。

3．理事の職務代行者

理事の選任決議の無効・不存在もしくは取消しの訴えなど、理事の選任議決の効力や理事の地位をめぐる争いが生じている場合においても、その判決が確定するまではその理事はなおその職務を執行することができますが、その理事にそのまま職務を執行させることは組合にとって不適当である場合が少なくありません。

そこで、これにより組合に生ずる著しい損害または急迫した危険を避ける必要があるときは、本案の管轄裁判所は仮の地位を定めるための仮処分の１つとして、訴えを提起した当事者の申立てにより、理事の職務の執行を停止し、または、これを代行する者（職務代行者）を選任することができることとされています（民事保全法23条２項）。

これにより、裁判所から、組合の理事の職務の執行を停止し、理事の職務代行者を選任する仮処分命令が発せられたときは、その仮処分命令が裁判所により取り消されるまでは、その職務代行者がその理事の職務権限を行使します。

その職務権限については、仮処分命令の定めるところによります。なお、農協法には、会社法354条〔取締役の職務を代行する者の権限〕のような規定はありませんので、仮処分命令に別段の定めがある場合を除いて、職務の執行が停止された理事の職務の範囲と一致するものと解されます。

なお、組合の代表者として登記されている代表理事についての職務執行の停止および職務代行者を選任する仮処分、またはその仮処分の変更もしくは取消しは、登記事項とされています（登記令５条）。登記の後でなければこれをもって第三者に対抗することができません（法9条2項）が、この登記は、当該仮処分命令を発した裁判所書記官の嘱託によって行われます（民事保全法56条、登記令25条→商業登記法15条）。

代表理事の選・解任等

1．代表理事の選任

代表理事は、理事の中から理事会（経営管理委員設置組合にあっては、経営管理委員会）の決議をもって選任されます（法35条の3第1項）。

組合と理事との間にはすでに就任契約が存在しますが、代表理事に就任するときは、その理事の義務が拡大されることになりますので、これに関する当事者の合意を必要とするのは当然であり、代表理事の選任は、被選任者の承諾によりその効力を生ずることになります。

代表理事を選任したときは、その氏名、住所および資格（代表理事）および住所を登記しなければなりません（登記令2条2項4号）。

2．代表理事の員数

代表理事の員数は、法律上とくに制限はありませんので、1人でも複数人でも差し支えありません。定款に別段の定めがないかぎり、理事会（経営管理委員設置組合にあっては、経営管理委員会）が選任に当たり適宜定めて差し支えありません。

実際上は、定款の規定に基づき、理事会で、組合長、専務理事、常務理事などの名称の、いわゆる役付理事を選任し、これらの者の一部または全部を代表理事とするのが通例です。しかし、役付理事と代表理事とは観念上全く別のものです。

法律上は、代表理事を選任すれば足り、これらの名称の理事を置く必要はなく、また、これらの名称を付した理事を代表理事とする必要もありません。

Column

選任と選定

農協法は、「理事の中から代表理事を定めなければならない」（法35条の3第1項）と代表理事に関しては選定とも選任ともいっていません。代表理事は理事会（経営管理委員設置組合にあっては、経営管理委員会）の決議によって「選任」すると理解されていたところですが、平成17年の新会社法は取締役会設置会社の代表取締役は取締役会が選定すると、明文で「選定」という表現をしました。これを受けて、理事会の一般的職務権限を規定している信用金庫法（36条4項）などでも代表理事は理事会で選定する旨の定めに改められています。「選定」とは、特定の役職についている人の中から選ぶときをいい、何の特定の役職についていない人からある役職に就くべき人を選ぶ場合を「選任」として区別しているようです（支配人等については、選任としている＝会社法362条4項）。

しかし、会社法が「選任」ではなく「選定」とした意味は、新しい会社法を有限会社と非公開会社をベースとした制度設計にした関係で、取締役に選任されることは代表権をもつ取締役として選出されることを含意し、代表取締役を定める行為は、その中からとくに代表権を行使することとする取締役を選出ということ、取締役としての任用契約のほかに別途、代表取締役としての任用契約は不要だとする考え方があることによるものだと思われます。そうでなければ、あえて「選任」と「選定」を区別する積極的理由はみいだせないのではないかと思われます。

３．業務執行理事の選任

業務執行理事とは、代表理事以外の業務を執行する理事のことをいいます。

代表理事と異なり、設置は任意ですが、役付理事は多くの場合、業務執行理事でもあります。このほか、役付理事以外で特定の部門を担当する理事なども職務執行理事になります。

選任方法に関しては法律に明文がありませんが、代表理事と同様、理事の中から理事会（経営管理委員設置組合にあっては、経営管理委員会）の決議をもって選任されることになります。

なお、代表理事とは異なり、業務執行理事は登記の対象ではありません。

４．代表理事の任期

代表理事については、法律上任期の定めがありません。したがって、代表理事は理事であることが必要ですから、定款または選任議決をもって特に代表理事の任期を定めないときには、特別の終任事由が生じないかぎり、理事の任期中は在任することになります。

５．代表理事の終任

代表理事は、理事であることが前提ですから、理事の終任は当然に代表理事の終任となります。

したがって、この場合、その者が理事の任期満了に伴う改選で理事に再選されても、改めて理事会（経営管理委員設置組合にあっては、経営管理委員会）において代表理事に選任されないかぎり、代表理事となるものではありません。

以上のほか、代表理事に固有な終任事由としては、代表理事の辞任および解任があります。

代表理事はいつでもその地位を辞任することができ、また理事会（経営管理委員設置組合にあっては、経営管理委員会）はいつでもその決議をもって代表理事を解任することができます（民法651条１項、111条２項）。ただし、やむを得ない事由がある場合を除き、代表理事が組合のために不利益な時期に辞任したときは、これにより組合に生じた損害を賠償することが必要となります（民法651条２項）。また同様に、代表理事の任期の定めがある場合に、組合が正当な理由なく任期満了前に解任したときは、これによって生じた損害を賠償しなければならないものと解すべきでしょう。

なお、代表理事の辞任または解任は、これにより同時に理事たる地位まで失うものではありません。

また、役付理事と代表理事とは別個の観念ですので、定款をもって両者が不可分なものとされていないかぎりは、役付理事の辞任は必ずしも代表理事の辞任とはならず、代表理事の辞任は必ずしも役付理事の辞任とはなりません。

代表理事が終任となったときには、その登記をしなければなりません（登記令３条１項）。登記の後でなければ、組合はその終任をもって善意の第三者に対抗することはできません（法９条２項）。

６．代表理事の辞任の方法

代表理事の辞任の意思表示の相手方は、自己以外の代表理事がいればその者に、自己以外の代表理事がいない場合には、理事会を招集して理事会に対して意思表示をすべきでしょう（東京高判昭59・11・13金融・商事判例714号６頁）。

ただし、別の方法で理事全員に辞任の意思が了知された場合にも辞任の効力の発生が認められます（岡山地判昭45・２・27金融・商事判例222号14頁）。

なお、理事を辞任する場合には、代表理事も辞任したことになります。

７．代表理事欠員の場合の措置

代表理事の終任により、法律または定款の定めたその員数を欠くに至ったときは、任期の満了または辞任によって退任した代表理事は、後任者が就職するまでなお代表理事としての権利義務を有することになります（法39条）。これには、理事の任期の満了または辞任による代表理事の終任の場合をも包含するものと解されますが、代表理事として権利義務を有する者は、理事としての権利義務をも有する者であることが必要であると解すべきですので、代表理事が理事の任期満了または辞任によって理事たる資格をも欠くに至ったときには、当然には代表理事としての権利義務を有することにはなりません。

なお、代表理事についても、その職務を行う者がいないため遅滞により損害を生ずるおそれがある場合において、組合員その他の利害関係人の請求により、行政庁が一時代表理事の職務を行うべき者（仮代表理事）を選任することができることとされているのは、理事の場合と同様です（法40条３項）。仮代表理事が選任されたときは、登記をする必要があります（登記令２条２項４号）。

Ⅳ　理事の報酬等の決定

１．理事の報酬等

理事と組合との関係は、委任の関係（法30条の３）です。したがって、原則として無償が原則です（民法648条１項）が、理事は報酬等を受けるのが普通で、組合と理事との間の任用契約には明示的または黙示的に報酬付与の特約が包含されているのが通常です。

この報酬等というのは、報酬、賞与その他の理事がその職務執行の対価として組合から受ける財産上の利益であって、その名称の如何を問いません。いわゆる役員退任慰労金も、多くの場合、在職中の職務執行に対する対価としての報酬等となります。

2．理事の報酬等の決定

理事の報酬等は、定款または総(代)会の決議をもって定められます(法35条の4第1項→会社法361条1項)。

定款で定める例は、実際はなく、総(代)会の決議をもって定められます。総会等で決議を要する趣旨は、お手盛り防止の趣旨ですので、一般的には、各理事の報酬等の額を個別的に定めることはなく、理事全員に対する報酬等の総額のみを定め、各理事に対する支給額等の決定は理事会等に一任するのが通例です。

報酬等の総額または最高限度額は、一度定めた以上、増額変更をなすまでは支給のつど決議することは必要ありませんが、組合の場合には、事業年度単位で毎年の通常総(代)会で決議するのが一般的です。

なお、いったん各理事が受けるべき報酬が決められた場合には、理事の同意がないかぎり、原則として一方的に減額することはできません。

3．報酬等を決定するために必要とされる事項

総(代)会の決議においては、次の内容を定めなければなりません（法35条の4第1項→会社法361条1項各号)。なお、このうち②または③の事項を定め、またはこれを改定する議案を総(代)会に提出した理事（経営管理委員設置組合にあっては経営管理委員）は、その総(代)会において、その事項を相当とする理由を説明しなければなりません（法35条の4第1項→会社法361条4項)。

① 報酬等のうちその額が確定しているものについては、その額

なお、実務上は、上述のように総(代)会ではその総額の最高限度額を

定め、各理事に対する配分額の決定は理事会に委ねています。

② 報酬等のうち額が確定していないものについては、その具体的な算定方法

これは、業績等の指標に連動して可変的な定め方がされる場合ですが、総(代)会で決定した総額の範囲内で可変的な報酬額を支給する場合には、これに当たりません。

③ 報酬等のうち金銭でないものについては、その具体的な内容

低賃料による社宅の提供等現物の給付や役員損害賠償責任保険等の請求権の付与などがこれに該当します。

4．使用人兼務分の報酬額

理事が組合の使用人を兼ねている場合のその使用人兼務理事の使用人分の給与については、使用人として受ける給与等の体系が明確に確立されているかぎり、同人が別に使用人としての対価を受けることを示したうえで、理事として受ける報酬に関する事項のみ総会で決議しても脱法行為には当たらないと解してよいでしょう。

5．退任慰労金

退職慰労金（弔慰金を含む）は、退任した理事に対して支給されるものですが、在職中の職務執行の対価として支給されるかぎり報酬等の一種であり、定款または総(代)会の決議をもってその額を定めなければなりません。

その場合、総(代)会決議において退職慰労金の決定を無条件に理事会に一任することはできませんが、総(代)会決議においては少なくともその総額または最高限度を定め、その範囲内で各人に対する支給額などを理事会に一任することは差し支えありません。

また、無条件に一任することは許されませんが、明示的または黙示的に一定の基準を示して、理事会がその基準に従って決定するようにする

ことも可能です。その場合、役員に対する退職慰労金の支給に関する議案を提出する場合の総(代)会参考書類には、退職する各役員の略歴および議案が一定の基準に従い退職慰労金の額を決定することを役員その他の第三者に一任するものであるときは、その一定の基準の内容を記載することが必要です（施行規則168条１項４号・２項)。ただし、この一定の基準については、各組合員がその基準を知ることができるようにするための適切な措置を講じている場合には、このかぎりではないとされています（同項ただし書）ので、総(代)会参考書類に具体的な基準まで示す必要はないことになります。

経営管理委員の資格と選出手続等

1．経営管理委員の資格

（1）法定欠格事由

経営管理委員になることができない法定の欠格事由については、理事の場合と同じです（法30条の４)。したがって、理事の法定欠格事由の項を参照してください。

（2）経営管理委員の積極的資格要件

経営管理委員の定数の少なくとも４分の３は、正組合員たる個人または正組合員たる法人の役員でなければなりません(法30条の２第４項)。

また、農業協同組合の経営管理委員の定数の過半数は、原則として農業経営基盤強化促進法に規定する認定農業者（法人にあっては、その役員）でなければならないことになっています（法30条の２第４項)。

一方、経営管理委員設置組合の理事については、これを置かない組合の場合と異なり､組合員である必要はありません（法30条の２第８項)。

ただし、理事は、農畜産物の販売その他の当該経営管理委員設置組合が行う事業または法人の経営の経営に関し実践的な能力を有する者でなければならないこととされています（同条７項）。

2．経営管理委員の員数

経営管理委員の定数は５人以上で、定款で定めることになります（法30条の２第３項、28条１項10号）。

一方、理事の定数は５人以上ですが、経営管理委員を置いた場合には３人以上いればよいことになっています（法30条の２第５項）

3．経営管理委員の任期

経営管理委員の任期は、前述の理事の任期と全く同じです（法31条）。

4．経営管理委員の選出

経営管理委員の選出は、前述の理事を選出する場合（経営管理委員設置組合の理事の選出を除く）と全く同じです。

5．経営管理委員の終任

（1）経営管理委員の終任事由等

経営管理委員の終任事由は、理事の終任事由と基本的には同じです。ただし、理事と異なり、組合の解散は、経営管理委員の終任事由とはなっていません。

組合が解散した場合、その清算事務は理事に代わって清算人が行うことになりますが、監事とともに経営管理委員は、そのままその地位にとどまります。

（2）欠員の場合の措置

任期満了または辞任により法律または定款で定める定数を欠くに至っ

たときに、任期満了または辞任により退任した経営管理委員は、新たに選出された経営管理委員が就任するまでは、なお経営管理委員としての権利義務を有することになります（法39条１項）。これも他の役員の場合と同じです。

（3）経営管理委員の職務代行者

経営管理委員の選任決議の無効・不存在もしくは取消しの訴えなどが提起される場合において、必要なときは、職務執行停止および代行者選任の仮処分が認められます（民事保全法23条２項）。これも他の役員の場合と同じです。

6．経営管理委員の報酬等

経営管理委員の受けるべき報酬等についてはお手盛り防止の観点から、定款の定めによるか総(代)会の決議をよるべきこと（法35条の４第１項→会社法361条１項）についても、理事の場合とまったく同じです。

なお、その報酬等については、監事の報酬等とは区別して定めることが必要です。

経営管理委員の報酬等の額と理事の報酬等の額とを区別することなく、両者の総額を一括して定めて、各報酬等の額の決定を経営管理委員会等特定の者に一任しても必ずしも違法だとはいえませんが、経営管理委員と理事は別個の機関に属する者ですので、少なくともその受くべき報酬の総額を定める場合には、理事および経営管理委員の報酬の総額は区別して定めることが望まれます。

監事の資格と選出手続等

1．監事の資格

（1）法定欠格事由

監事の法定の欠格事由は、他の役員の場合と全く同じです（法30条の4）。

（2）員外監事の要件

政令で定める一定規模以上の信用事業または共済事業を行う農業協同組合および信用事業または共済事業を行う連合会にあっては、監事のうち１人以上は員外監事でなければなりません（法30条14項）。

員外監事の要件については、すでに述べたとおりです（第２章Ⅰ６.「員外監事」を参照）。

（3）常勤監事

常勤監事は、資格要件ではなく勤務の態様に関するもので、監事のうち少なくとも１人以上は常時監査の業務に従事することが望ましいことから、政令で定める一定規模以上の信用事業または共済事業を行う農業協同組合および信用事業または共済事業を行う連合会にあっては、監事の互選をもって常勤の監事を定めなければならないこととされているものです（法30条15項）。

2．監事の兼任等の禁止

理事と異なり、監事は、理事および経営管理委員とを兼ねることができないだけでなく、当該組合の使用人をも兼ねることができません（法

30条の５第２項・３項)。

これは、監事という機関の性質上、これらの地位を兼任することは自己監査となり、監事としての職務執行の公正を期しがたいという趣旨によるものです。

その趣旨からすると、会社法等の場合と異なり農協法には、当該組合の子会社の取締役もしくは支配人その他の使用人または当該子会社の会計参与（会計参与が法人であるときは、その職務を行うべき社員）もしくは執行役を兼ねることができない旨の規定（会社法335条２項）がありませんが、好ましいことではありませんので、兼任しないようにすべきです。

３．監事の員数

監事の定数は２人以上で、定款で定めることになります（法30条２項、28条１項10号）。

４．監事の任期

監事の任期も､他の役員の任期と全く同じです（法31条。43頁参照)。

５．監事の選出

監事の選出手続については、理事（経営管理委員設置組合の理事を除く）について述べたところと同じです。

なお、監事には、監事の選任に関する議案の総(代)会への提出に関する同意権が与えられ（法35条の５第５項→会社法343条１項）また、監事の選任を総(代)会の目的とすることや監事の選任に関する議案を総(代)会に提出することを請求する権限が与えられています（法35条の５第５項→会社法343条２項)。

これとの関係で、書面または電磁的方法による議決権の行使を認める場合の総(代)会参考書類には、①監事の請求に基づいて監事の選任に関する議案を提出する場合には、その旨、②監事の選任に関し監事の意見があるときには、その意見の概要を記載（または記録）しなければならないことになっています（施行規則165条１項）。

また、総(代)会参考書類には、候補者が員外監事の候補者であるときは、①当該候補が農協法30条14項（員外監事）に規定する監事の候補者である旨、②当該候補者を員外監事の候補者とした理由、および③当該候補者が現に当該組合の員外監事である場合において、当該候補者が最後に選任された後、在任中に当該組合において法令または定款に違反する事実その他不正な業務の執行が行われた事実（重要でないものを除く）があるときは、その事実ならびに当該事実の発生の予防のために当該候補者が行った行為および当該事実の発生後の対応として行った行為の概要、④当該候補者が現に当該組合の監事であるときは、当該組合における地位、担当および監事に就任してからの年数をそれぞれ総(代)会参考書類に記載（または記録）しなければならないこととされています（施行規則165条２項）。

６．監事の終任

（１）監事の終任事由等

監事の終任事由は、経営管理委員の場合と全く同じで、理事とは異なって組合の解散は監事の終任事由にはなりません。

（２）欠員の場合の措置

任期満了または辞任により法律または定款で定める定数を欠くに至ったときに、任期満了または辞任により退任した監事は、新たに選出された監事が就任するまでは、なお監事としての権利義務を有することになります（法39条１項）。これも他の役員の場合と同じです。

また、監事の職務を行う者がいないため業務の遅滞により損害を生じるおそれがある場合において、組合員その他利害関係人の請求があったときは、行政庁が状況によっては自ら当該組合の総(代)会を招集して監事を選出させるか、一時的に監事の職務を行うべき者（仮監事）を選任することができることになっている（法40条１項）のも、理事の場合と全く同じです。

（３）監事の職務代行者

監事の選任決議の無効・不存在もしくは取消しの訴えなどが提起される場合において、必要なときは、職務執行停止および代行者選任の仮処分が認められます（民事保全法23条２項)。これも他の役員の場合と同じです。

７．監事の報酬等の決定

（１）監事の報酬等

監事の報酬等も理事の報酬等と同様、定款または総(代)会の決議をもって定めなければなりません(法35条の５第５項→会社法387条１項)。

監事の報酬等は、理事の報酬等と区別して定めることが必要で、総(代)会が報酬等を定める場合には、監事は、総(代)会においてこれにつき意見を述べることができることとされています（法35条の５第５項→会社法387条３項)。

これは、監事の独立性を保障するためで、これれに反し、理事および監事の各報酬等の額を区別することなく、両者の総額を一括して定めるときは、その決議の内容が違法なものとして無効となります。

なお、総(代)会で定める報酬等の額は、各監事の受くべき報酬等の額まで定めることを要せず、その数人の監事の報酬等の総額を定めれば足りることについては、理事の場合と同様です。ただし、このような場合にあっては、各監事の受くべき報酬等の額は総(代)会で定めた報酬等の総額の範囲内において監事の協議によって定めなければなりません（法35条の５第５項→会社法387条２項)。この協議は、監事全員の合意によりますが、その全員の合意をもって、監事の多数決による旨を定め、あるいは特定の監事に一任する旨を定めることは差し支えありません。

監事の退任慰労金が、いわゆる報酬等に含まれることは理事の場合と同様です。

（2）監査費用

監事がその職務の執行について、①費用の前払いを請求したとき、②費用の支出をした場合においてその費用および支出の日以後におけるその利息の償還を請求したとき、または③債務を負担した場合においてその債務を自己に代わって弁済すべきこと、もし、その債務が弁済期にない場合にあって相当の担保を供すべきことを請求したときは、組合は、その費用または債務の負担が監事の職務の執行に必要でないことを証明するのでなければ、これらの請求を拒むことができません（法35条の５第５項→会社法388条）。

監事と組合との関係は委任の関係に立ちますので、監査の費用を請求することができるのは民法の原則上、当然のことです（民法649条、650条参照）。民法の規定によれば、職務の執行に必要な費用であることは、監事において証明しなければならないわけですが、監事の職務の遂行を容易にするため、法律は、その挙証責任を転換し、監事が費用の償還・前払い・弁済等の請求をしたときは、組合は、その費用または債務の負担が監事の職務の執行に必要でないことを証明するのでなければ、これらの請求を拒むことができないこととしたものです。

したがって、監事としては、請求するに際し、それが監査の費用であることを明らかにすれば足ります。

この監査の費用には、監事としての活動に要する諸経費（理事に対する訴訟に要する費用などを含む）・手数料・旅費などのほか、その使用する補助者に対する報酬も含まれます。

会計監査人

1．会計監査人とは

会計監査人は、計算書類等の監査、すなわち会計監査をする者です（法36条6項、37条の2第3項）。

この会計監査人は、平成27年の法律改正（平成27年法律第63号）によって一定規模以上の組合に設置が義務付けられるようになったもので、改正前においては全国農業協同組合中央会が担っていた計算書類等の監査を組合の機関の1つとして担うこととなったものです。ただし、改正前の全国農業協同組合中央会の場合とは異なり、その監査対象からは事業報告とその附属明細書が除外されています。

2．会計監査人の設置義務

一定規模以上の組合（農業協同組合にあっては、信用事業を行うものに限る）にあっては、会計監査人を置かなければなりません（法37条の2第1項、施行令22条）。

それ以外の組合では、その設置は任意です（法37条の2第2項）が、会計監査人を設置した場合には、会計監査人の設置義務がある組合と同様に取り扱われることになります。

3．会計監査人の資格と員数

会計監査人の資格は、公認会計士または監査法人でなければなりません（法37条の3第1項→会社法337条1項）。

監査法人が会計監査人に選任された場合、監査法人は、その社員の中から会計監査人の職務を行うべき者を選定し、これを組合に通知しなければならないことになっています（法37条の３→会社法337条２項）。

なお、①公認会計士法の規定により、その計算書類等について監査することができない者、②組合の子会社等もしくはその取締役、会計参与、監査役もしくは執行役から公認会計士もしくは監査法人の業務以外の業務により継続的な報酬を受けている者またはその配偶者、および③監査法人でその社員の半数以上が②に掲げる者であるものは、会計監査人となることはできません（法37条の３第１項→会社法337条３項）。

会計監査人の員数については、とくに規制はありませんので、１人でも複数人でも構いません。

４．会計監査人の任期

会計監査人の任期は、１年（選任後１年以内に終了する事業年度のうち最終のものに関する通常総(代)会の終結の時まで）です（法37条の３第１項→会社法338条１項）。

ただし、この任期中の最終事業年度に関する通常総(代)会において別段の決議がされなかったときは、その総(代)会において再任されたものとみなされます（第37条の３第１項→会社法338条２項）。

５．会計監査人の選任または解任等

（１）会計監査人の選任・不再任

会計監査人は、総(代)会の決議によって選任されます（法37条の３第１項→会社法329条１項）。この総(代)会に提出する選任および会計監査人を再任しないことに関する議案の内容は、監事の過半数をもって決します（法37条の３第１項→会社法344条１・２項）。

一方、会計監査人は、総(代)会においてその選任または不再任について、総(代)会に出席して意見を述べることができます（法37条の３第１項→会社法345条条１項）。

（2）会計監査人の解任および辞任

会計監査人に職務上の任務解怠、非行、心身の故障により任務に堪えない事情がある場合には、監事全員の同意をもってその会計監査人を解任することができます（法37条の3第1項・39条3項→会社法340条1・2項）。

この場合には、監事の互選によって定めた監事は、その旨および解任の理由を解任後最初に招集される総(代)会に報告しなければならないことになっています（法37条の3第1項・39条3項→会社法340条3項）。

会計監査人と組合との関係は委任に関する規定に従います（法37条の3第1項→30条の3）。したがって、会計監査人は、いつでも辞任することができ、また総(代)会の決議をもっていつでも解任することができます（法37条の3第1項→会社法329条条1項）。ただし、その解任につき正当な理由がないときは、会計監査人は組合に対し、解任によって生じた損害の賠償を請求することができることになっています（法37条の3第1項→会社法339条2項）。

総(代)会に提出する解任に関する議案の内容は、監事の過半数をもって決します（法37条の3第1項→会社法344条1・2項）。

一方、会計監査人は、総(代)会において解任または辞任について、総(代)会に出席して意見を述べることができます（法37条の3第1項→会社法345条条1項）。また、辞任し、または解任された会計監査人は、辞任後または解任後最初に招集される総(代)会に出席して、辞任した旨およびその理由または解任についての意見を述べることができることになっています（法37条の3第1項→会社法345条2項）。このため、理事（経営管理委員設置組合にあっては、経営管理委員）は、辞任した会計監査人に対し、意見等を述べるべき総(代)会を招集すること、ならびに総(代)会の日時および場所を通知しなければならないことになっています（法37条の3第1項→会社法345条3項）。

このほかの会計監査人の終任事由は、監事の場合と同じですが、組合の解散によってその地位を失う点で監事とは異なっています。

6．会計監査人を欠いた場合

会計監査人を欠きまたは定款で定めたその員数を欠くこととなった場合においては、遅滞なく補充する必要があり、その選任（一時会計監査人の職務を行うべき者の選任を含む）の手続をすることを怠った場合には、過料に処せられます（法101条１項36号）。

なお、この場合において、遅滞なく会計監査人が選任されないときは、監事は、その全員の同意により一時会計監査人の職務を行うべき者を選任しなければならないことになっています（法39条２項、同条３項→会社法340条２項）。

7．会計監査人の報酬等の決定

会計監査人の報酬等は、通常の業務執行の決定手続に従い、会計監査人と組合との監査契約において定められることになります。

ただし、会計監査人の監査という職務上の性質を考慮し、理事は、会計監査人または一時会計監査人の職務を行うべき者の報酬等を定める場合には、監事の過半数の同意を得なければならないことになっています（法37条の３第１項→会社法399条１項）。

8．会計監査人の職務権限

（１）会計監査人の地位とその基本的職務

会計監査人と組合は、委任関係にあり（法37条の３第１項→30条の３）、会計監査人の職務は、組合の計算書類等を監査し、会計監査報告を作成することです（法37条の３第１項→会社法396条１項）。

監事とは異なり、その職務・権限は、会計監査に限定されており、業務監査一般には及びません。

ここに計算書類等というのは、計算書類、すなわち貸借対照表、損益計算書、剰余金処分案または損失処理案その他組合の財産および損益の状況を示すために必要かつ適当なものとして農林水産省令で定めるもの（具体的には、注記表です）ならびにその附属明細書です（法37条の2第3項、36条2項・6項）。

以上の基本的職務を適切に遂行できるよう、会計監査人には、次に掲げる権限が与えられています。

（2）会計監査人の個別の職務権限等

①　会計帳簿、資料の閲覧・謄写権

会計監査人は、いつでも、会計帳簿およびこれに関する資料（書面をもって作成されているときは当該書面、電磁的記録をもって作成されているときは当該電磁的記録に記録された事項を農林水産省令で定める方法により表示したもの）の閲覧・謄写をすることができます（法37条の3第1項→会社法396条2項）。

組合が相当な理由がないのに書面または電磁的記録に記載・記録された事項を農林水産省令で定めるところにより表示したものの閲覧または謄写を拒むことは、過料の制裁の対象となります（法101条1項38号）。

②　理事等に対する報告請求権

会計監査人は、いつでも、理事および経営管理委員ならびに参事その他の使用人に対し、会計に関する報告を求めることができます（法37条の3第1項→会社法396条2項柱書）。

会計監査人が報告を求めたのに使用人がこれに応じない場合には、会計監査人は理事に対し、使用人に命じて報告させるよう要求することになりましょう。

③　子会社等の調査権

会計監査人は、その職務を行うため必要があるときは、子会社等に対

して会計に関する報告を求め、また、子会社等の業務・財産の状況を調査することができます（法37条の３第１項→会社法396条３項）。

子会社等は、正当な理由（例えば、当該子会社が守秘義務を負う事項に関するものである場合等）があるときは、報告請求や業務・財産調査を拒むことができます（法37条の３第１項→会社法396条４項）。

９．会計監査人の義務等

（１）会計監査人の善管注意義務

組合と会計監査人とは、前述のように委任に関する規定に従いますので、会計監査人は、組合に対して善管注意義務を負います（民法644条）。

したがって、会計監査人は専門的職業人として、法律によって与えられている監査上の職務権限を善良なる管理者としての注意義務をもって適切に行使する義務があります。

会計監査人が適切な監査手続を実施するのに必要な権限を行使せず、そのために虚偽の会計監査報告を提出して、会社に損害を与えた場合は、組合に対して損害賠償責任を負うことになります。

（２）不正行為等の報告義務

会計監査人は、その職務を行うに際して理事および経営管理委員の職務の執行に関し、不正の行為または法令・定款に違反する重大な事実があることを発見したときは、遅滞なく、これを監事に報告しなければなりません（法37条の３第１項→会社法397条１項）。

これは、会計監査人は、会計監査の過程において、理事等の不正行為等を発見しやすい立場にあるため、これを監督是正手段をもつ監事に報告させることにより、組合の利益を確保しようとするものです。

会計監査人は業務監査の権限を有するものではありませんが、監事に業務監査の権限を発動してもらうための報告ですので、報告の対象となるのは、会計に関する事項に限定されません。

不正行為はすべて報告対象となっていますが、法令・定款違反の事実は重大なものに限定されているため、報告の要否については、会計監査人が善管注意義務に従って判断することになります。

一方、監事は、その職務を行うため必要があるときは、会計監査人に対し、その監査に関する報告を求めることができることとされています（法37条の３第１項→会社397条２項）。

（３）総会での意見陳述

計算書類およびその附属明細書が法令または定款に適合するかどうかについて会計監査人が監事と意見を異にするときは、会計監査人（監査法人である場合にはその職務を行うべき社員）は、通常総(代)会に出席して意見を述べることができます（法37条の３第１項→会社法398条１項）。

なお、通常総(代)会において会計監査人の出席を求める決議があったときは、会計監査人は、通常総(代)会に出席して意見を述べなければならないこととされています（法37条の３第１項→会社法398条２項）。

第4章

理事会

1．理事会とは

理事会は、理事の全員をもって構成され、組合の業務執行を決定するとともに、理事の職務の執行を監督する必要常設の機関です（法32条）。

理事会は、会議体の機関で、その活動が会議の形式をもって行われることが必要なのは、その権限の行使が慎重かつ適切になされることを期すためで、理事の多数をもって事を決するというよりも、その協議と意見の交換により理事の知識と経験を結集することに重要な意味があります。したがって、会議を開かないで単なる持回りや個別的な同意によってなされた決定は、理事会の決議としての効力を有しません。

2．理事会の権限

（1） 理事会の一般的権限

理事会は、組合の業務執行に関する意思決定機関として、法律・定款または規約によって総(代)会その他の機関の権限とされているものを除き、いかなる業務執行に関する事項についても意思決定をすることができます。

なお、取締会設置会社である株式会社などとは異なり、総(代)会は、定款をもって理事会その他の機関に委任したものを除き、組合の事務のすべてについて決定することができると解されています（会社法295条２項のような規定はありません）。したがって、そのかぎりにおいて、理事会の業務執行に関する権限も制約を受けることになります。

（2）理事会の専権事項

理事会が組合の業務執行に関する意思決定機関であるといっても、個々の日常業務に関し逐一意思決定をすることは非効率であり、また、不可能です。

そのため、重要な業務執行に関する意思決定を除き、日常業務に関する意思決定は、代表理事その他の業務執行理事が担うことになります。

そして、理事会は、代表理事その他の業務執行を担う理事の職務執行を監督する職務を担うことになります。

なお、農協法は、理事会の専権事項、すなわち理事会がその職務として自ら意思決定を行う必要がある事項で、代表理事その他の機関等に委ねることのできない事項として、次に掲げる事項を定めています。ただし、これらの事項のうち、③、④、⑤、および⑨〜⑫までの事項については、経営管理委員設置組合にあっては経営管理委員会の専権事項となっています（法35条の2第2項、35条の7第1項、35条の8第1項、37条の3第2項、35条の3第1項、43条の3第2項、43条の5第2項、50条の3第1項、65条の2第1項、70条の4第1項）。また、⑥および⑦の事項は、理事会と経営管理委員会双方の承認決議が必要です（法36条6項、37条2項）。

これらは法律により理事会の決議を要すべきこととされている事項ですが、組合はこれ以外の事項についても定款または規約をもって同様の定めをすることができ、この場合には、それらの事項についても理事会の決議を経なければなりません。

①　共済計理人の選任（法11条の39第1項）

②　必要な場合における経営管理委員会の招集（法34条5項）

③　理事と組合間との利益相反取引の承認（法35条の2第2項）

④　役員等に対する補償契約および役員等賠償責任保険契約の内容の決定（法35条の7第1項、35条の8第1項、37条の3第2項）

⑤　代表理事の選任（法35条の3第1項）

代表理事の解任については、明文の規定はありませんが、理事会（経営管理委員設置組合にあっては経営管理委員会）が選任権を有し（法35条の3第1項）、理事の職務執行を監督する（法32条3項）必要上、理事会が解任権をもつと解されています。

⑥　計算書類等の承認（法36条6項）

⑦　部門別損益計算の承認（法37条２項）

⑧　参事および会計主任の選任・解任（正組合員による参事または会計主任解任請求権の行使による参事または会計主任の解任請求があったときの解任の可否の決定を含む）（法42条２項、43条３項）

⑨　総(代)会の招集の決定（正組合員の総(代)会招集請求権の行使による総(代)会の招集の請求があったときの臨時総(代)会の招集の決定を含む）（法43条の３第２項、43条の５第２項）

⑩　信用事業の簡易譲受手続における信用事業の全部または一部の譲受け（法50条の３第１項）

⑪　簡易合併手続における合併の承認（法65条の２第１項）

⑫　簡易新設分割手続における新設分割計画の承認（法70条の４第１項）

（３）理事会の監督権限

理事会は、組合の業務執行に関する意思決定機関であると同時に、理事の職務の執行を監督する機関です（法32条３項）。

理事会が監督すべき対象となるのは理事の職務の執行ですので、業務の執行を担う代表理事のみならず業務執行を担当しない理事の職務についても、理事会を通じて理事は監視する義務があることになります。

なお、業務の執行は、業務執行機関である代表理事がその職務として行うことが想定されていますが、実際上は、理事会の決議に基づき対内的な業務執行を担当する理事を選任して、代表理事の統括のもとに組合の業務執行を行うのが通例です。そして、具体的な組合の業務執行は、代表理事および業務執行を担当する理事のみで行われるわけではなく、それらは代表理事等の職務の執行として従業員を使って行われることになります。したがって、代表理事等の業務執行の監督は、業務監査の一環として、従業員を含めた組合業務の全体を監督することになります。

したがって、その対象は理事会に上程された事項には限りませんが、理事会は会議体の性質上、個々の職務執行を直接的に監視することは実際上不可能ですので、理事会で基本方針等を決定し、組合の業務がそれに従ってなされているか否かを監視することによって行われることになります。

農協法には、理事会において組合のいわゆる内部統制システムの整備に関する事項を決定すべき旨の定め（会社法362条４項６号等）がありませんが、組合の規模や事業の特性に応じ、理事会には適切な業務執行の確保がされるようリスク管理体制および法令遵守の体制（内部統制システム）を構築し、これを維持することによって業務執行の監視が確実なものとなるようにする義務があるといえます。

３．理事会の運営等

（１）理事会の招集

理事会は会議体の機関ですので、理事会がその権限を行使するには会議を開かなければなりません。そのためには、一定の招集権者が一定の手続によって招集することが必要で、かかる招集によらない理事会は、原則として適法な理事会とはいえず、そこでの決議は理事会の決議とは認められないことになります。

理事会の招集権者は、原則として各理事であり（法33条６項→会社法366条１項本文)、代表理事であるとそれ以外の理事であるとを問いません。ただし、定款または理事会の議決をもって招集権者を特定の理事に限定することは差し支えなく（法33条６項→会社法366条１項ただし書)、実際上も、定款により組合長等を招集権者としている例がほとんどです。

また、定款または理事会の決議をもって招集権者を特定している場合であっても、他の理事は会議の目的である事項（議題）を示して、理事会の招集を請求することができます（法33条６項→会社法366条２項)。この場合において、招集権者からその請求のあった日から５日以内に、その請求の日から２週間以内の日を理事会の日とする理事会の招集の通知が発せられない場合には、その招集を請求した理事は自ら理事会を招集することができます（法33条６項→会社法366条３項）。

同様に、監事は、理事が不正の行為をし、もしくは当該行為をするおそれがあると認めるとき、または法令もしくは定款に違反する事実もしくは著しく不当な事実があると認めるときは、遅滞なく、その旨を理事会（経営管理委員設置組合にあっては、理事会および経営管理委員会）に報告する義務があります（法35条の５第３項）。そのために必要があると認めるときは、監事は理事会の招集を請求することができ、その請求の日から２週間以内の日を理事会の日とする理事会の招集の通知が発せられない場合には、その招集を請求した監事は自ら理事会を招集することができます（法35条の５第５項→会社法383条２項・３項）。

（2）理事会招集の方法

招集手続は、理事会の日の１週間前までに各理事および各監事に対してその通知を発することが必要ですが、定款でこの期間は合理的な範囲で短縮することができます（法33条６項→会社法368条１項）。

通知は、理事および監事の全員に対して発することを要し、したがって、決議に特別利害関係を有するため議決権を行使することができない理事に対しても、通知が必要です。一部の者に対する招集通知の漏れがあったため、その理事または監事が出席しなかったときは、その理事会の決議は原則として無効となります。ただし、招集通知の漏れがあっても、当該理事または監事が出席し、かつ、異議を述べなかった場合にはこの招集手続の瑕疵は治癒され、決議の効力には影響がないと解されます。

これに反し、招集通知を受けなかったために欠席した理事または監事が、後日その決議に同意したとしても、その決議の瑕疵が治癒されることにはなりません。

招集の通知の方法には、格別の制限はなく、書面でも口頭でも差し支えありません。通知において会議の日時および場所を示すべきは当然ですが、総(代)会の場合のように、法律上は、会議の目的である事項を通知することは求められていません。これは、理事会は組合のために忠実に職務を遂行すべき理事によって構成される会議体であり、個々の理事としては、現在の組合の状況においてどのような事項が審議されるべきかを当然知っておくべきですし、またその職務上、組合の状況さらには審議の状況如何によっては、臨機に協議ないし付議すべき事項が生ずるからです。

なお、とくに会議の目的である事項を通知した場合にも、その理事会において決議しうる事項はその通知をした事項のみにかぎらず、それ以外の組合の当面の業務に関し必要な事項についても随時審議・決定することができると解されます。

（３）招集通知が不要な場合

理事会の開催の通知は、すべての理事と監事に対して、理事会への出席の機会を確保するためです。

したがって、理事と監事の全員の同意があるときは、招集手続を経ないで理事会を開催することができます（法33条６項→会社法368条２項）。例えば、緊急の必要があって、招集権者である組合長等が理事および監事の全員の同意を得て即日理事会を開く場合とか、たまたま理事および監事の全員が会合した際に、全員が即日または他の一定の日時および場所で理事会を開くことに同意した場合などです。

この理事および監事の全員の同意により開催される理事会自体には、理事および監事の全員が出席する必要はなく、定足数を満たす理事の出席があれば足ります。なお、この場合の同意は明示たると黙示たるとを問いませんが、事前に、かつ、特定の理事会について与えられなければならず、事後の同意によっては招集手続の瑕疵が治癒されることはなく、また一般的に招集手続を省略する旨の同意は無効であると解されます。

なお、理事および監事の全員が会合し、かつ組合の業務執行に関する事項につき理事の全員が協議決定したときは、特に招集手続を経ないで開く旨の事前の同意はなくても、適法な理事会の決議があったものとして認めることができます。これは、理事・監事全員が会合し異議なく理事会の権限の範囲内の事項につき協議決定する以上、全員出席の理事会として、招集手続の省略の有無を問題とする必要がないからです。

（4）理事会の決議要件

理事会の決議は、議決に加わることができる理事の過半数（これを上回る割合を定款で定めた場合には、その割合）が出席して（定足数）、その出席理事の過半数（これを上回る割合を定款で定めた場合には、その割合）をもって決します（法33条1項）。なお、この決議の要件を緩和することは許されません。

総(代)会の場合と異なり、決議事項により普通決議と特別決議といった区別はありません。

また、理事会制度の狙いは、理事の協議と意見を交換することによりその知識と経験を結集することにありますので、理事は自ら理事会に出席して決議に加わる必要があり、他の理事を代理人とする場合であっても、代理人により議決権を行使することはできません。また、取締役会設置会社の場合のような電話や書面によって議決権を行使することはできず、いわゆる持回りによる決議の方法も認められません（対照：会社法370条）。

理事会の決議につき特別の利害関係を有する理事は、決議に参加することができません（法33条2項）。これは、理事は組合に対して忠実義務を負っていますし、特別利害関係がある場合には公正な行動が期待し得ないということによるものです。特別利害関係を有する理事は、たとえ理事会に出席していたとしても、議決権を行使することはできず、理事会の決議要件との関係では定足数算定の基礎の数にも算入されません(法33条1項・2項)。

理事と組合との間の取引の承認（法35条の2第2項）や代表理事の解任などの場合の該当の理事がこれに当たります。

（5）議事録

①　議事録の作成・備置き義務等

理事会の議事については、議事録を作成し、議事録には出席した理事および監事が署名または記名押印しなければなりません(法33条3項)。なお、議事録が電磁的記録をもって作成されている場合には、出席した理事および監事の署名は電子署名（電子署名及び認証業務に関する法律2条1項の電子署名）によることになります（法33条4項)。

議事録は証拠のためのものにすぎませんが、理事会の決議に参加した理事で議事録に異議をとどめない者は決議に賛成したものと推定される結果（法33条5項)、理事会の議事録は理事の責任の追及につき重要な意義を有することになります。したがって、議事録の作成にあたっては、理事の責任に関する事項については、その責任が明らかになるようできるだけ具体的に記載することが求められているといえます。

理事（代表理事）は、理事会の議事録を10年間主たる事務所に、またその写しを5年間従たる事務所に備え置かなければなりません（法35条1項・2項)。なお、議事録が電磁的記録をもって作成されている場合には、従たる事務所において閲覧または謄写の請求に応じうる措置が講じられているときは、従たる事務所への備置義務は免れます（同条2項ただし書)。

組合員はその備え置かれた議事録の閲覧または謄写を求めることができます（同条3項)。なお、組合の債権者にもこの権利が認められていますが、債権者にあっては、役員の責任を追及するために必要がある場合であって、かつ、裁判所の許可が必要となります（同条４項）。この場合、裁判所は、その閲覧または謄写をすることにより組合またはその子会社に著しい損害を及ぼすおそれがあると認めるときは、これを許可してはならないこととされています（同条５項）。

理事会の議事録を備え置かず、または正当な理由がなくその閲覧または謄写の請求を拒んだときは、50万円以下の過料に処せられることがあります（法101条１項14・15号）。

②　議事録への記載事項

理事会の議事録には、少なくとも次の事項は記載（記録）しなければなりません（施行規則80条２項）。

ａ．理事会が開催された日時および場所

ｂ．定款等で定められた招集権者による招集以外の場合には、その旨（同項２号イ～ニ）

ｃ．理事会の議事の経過の要領および結果

ｄ．決議を要する事項について特別の利害関係を有する理事があるときは、当該理事の氏名

ｅ．次により理事会において述べられた意見または発言があるときは、その内容の概要

・利益相反取引を行った理事の事後報告（法35条の２第４項）

・監事からなされた理事の不正疑惑等の報告（法35条の５第３項）

・監事が理事会に出席して述べた意見（法35条の５第５項→会社法383条１項）

ｆ．理事会に出席した理事、経営管理委員および監事の氏名

ｇ．理事会の議長が存するときは、議長の氏名

③　議事録作成の時期

議事録をいつまでに作成しなければならないかについては、明文の定

めがありません。しかし、代表理事に変動が生じた場合には、２週間以内に変更の登記をしなければならず、その変更があったことを証する書面として理事会議事録の添付が必要となります（登記令３条１項、17条１項）。したがって、議事録については、理事会終了後２週間以内を目安に作成すべきであるといえます。

第5章

経営管理委員会

1．経営管理委員会とは

経営管理委員会は、経営管理委員全員をもって構成される組合の業務執行に関する重要な事項を決定するとともに、理事および代表理事を任命する権限を有する機関です（法34条２項・３項、30条の２第６項、35条の３第１項）。

貯金等の受入れまたは共済事業を行う連合会およびそれ以外の連合会であってその事業年度開始の時における会員（准組合員を除く）の数が500人以上の連合会においては、必置の機関です（法30条の２第２項、施行令21条）が、それ以外の連合会および農業協同組合にあっては設置が任意の機関です。

2．経営管理委員会の権限

（1）経営管理委員会の一般的権限

経営管理委員会は、組合の業務執行に関する重要な事項についての意思決定機関として、法律・定款または規約によって総(代)会、理事会その他の機関の権限とされているものを除き、いかなる業務執行に関する事項についても意思決定をすることができます。

農協法は、「経営管理委員会は、この法律で別に定めるもののほか、組合の業務の基本方針の決定、重要な財産の取得及び処分その他の定款で定める組合の業務執行に関する重要事項を決定する」（法34条３項）と、経営管理委員会の一般的な権限を定めています。

「重要な財産の取得及び処分」は、その他の定款で定める組合の業務執行に関する重要事項の例示であり、何が重要な事項かは定款の定めるところに委ねられています。

ただし、その権限は、組合の組織に関する基礎的な事項、その他法令または定款等をもって総(代)会や理事会等他の機関の権限とされている事項には及びません。

一方、法律上、経営管理委員会において決定すべきこととされている事項は、必ず経営管理委員会において決定することが必要で、定款をもってしても他の機関にその決定を委ねることはできません。

（2）経営管理委員会の専権事項

農協法上、経営管理委員会において決定すべきこととされている事項には、次のものがあります。

なお、理事会の専権事項のところでも述べたように、⑤および⑥の事項は、理事会と経営管理委員会双方の承認決議が必要です。

① 理事の選任（法30条の2第6項）
② 理事の解任請求（法34条7項）
③ 代表理事の選任および解任（法35条の3第1項）
④ 総(代)会の招集の決定（法43条の5第2項、43条の3第2項）
⑤ 計算書類等の承認（法36条6項）
⑥ 部門別損益計算書類の承認（法37条2項）
⑦ 理事または経営管理委員と組合との利益相反取引の承認（法35条の2第2項）
⑧ 役員等に対する補償契約および役員等賠償責任保険契約の内容の決定（法35条の7第1項、35条の8第1項、37条の3第2項）
⑨ 信用事業の簡易譲受手続における信用事業の全部または一部の譲受けの承認（法50条の3第1項）
⑩ 簡易合併手続における合併の承認（法65条の2第1項）
⑪ 簡易新設分割手続における新設分割計画の承認（法70条の4第1項）
⑫ 清算の場合の財産目録、貸借対照表および財産の処分方法の承認（法72条2項）
⑬ 清算結了の際の決算報告の承認（法72条の2第2項）

（3）理事会との関係

経営管理委員会は、理事会と同様、組合の業務執行に関する意思決定機関です。

また、経営管理委員会は、理事および代表理事を選任する権限を有し（法30条の2第6項、35条の3第1項）、理事は、経営管理委員会の決議に拘束されます（法35条の2第1項）ので、理事会の上位に位置する機関になります。

なお、経営管理委員会は、理事会のように理事の職務執行を監督する旨の明文の規定が置かれていません。しかし、理事および代表理事は、経営管理委員会によって選任され、経営管理委員会の決定した事項に関してはその決定したところに従って職務執行を行うことになりますので、経営管理委員会は、少なくともその業務執行に関する意思決定が及ぶ範囲においては理事会および代表理事の業務執行を監督する権限を有するものと解されます。経営管理委員会は、理事をその会議に出席させて必要な説明を求めることができることとされている（法34条4項）のは、そのためであると考えることができます。

3．経営管理委員会の招集等

（1）招集権者

経営管理委員会は、理事会と同様、会議体の機関ですので、その権限を行使するためには会議を開かなければならず、そのためには一定の招集権者により、一定の手続に従って会議を招集する必要があります。

経営管理委員会の招集権者は、原則として各経営管理委員ですが、定款また経営管理委員会の決議をもって招集権者を特定の経営管理委員に限定することは差し支えなく、実際上は、理事会におけると同様、経営管理委員会で会長などの役付の経営管理委員を定め、その者に招集権を付与するのが通例となっています。

なお、必要がある場合には、理事会も経営管理委員会を招集することができることになっています（法34条５項）。

また、定款または経営管理委員会の決議をもって招集権者を特定している場合であっても、他の経営管理委員は、招集権者に対し、会議の目的である事項（議題）を示して、経営管理委員会の招集を請求することができ、この場合において、招集権者がその請求のあった日から５日以内にその請求の日から２週間以内の日を経営管理委員会の日とする経営管理委員会の招集の通知を発しない場合には、招集を請求した経営管理委員が自ら経営管理委員会を招集することができることになっているのも理事会の場合と同じです。

（２）招集手続

経営管理委員会を招集するには、会日の１週間前までに各経営管理委員および各監事に対してその通知を発しなければなりません（法34条10項→法33条６項→会社法368条１項）。

通知は、経営管理委員および監事の全員に対して発することが必要で、決議に特別利害関係を有するため議決権を行使することができない経営管理委員に対しても通知することが必要です。

なお、通知の方法、一部の者に対する招集通知の漏れがあった場合の法的効果、招集通知期限の短縮、招集手続を要しない場合に関しては、理事会の場合と全く同じです。

（３）決議の要件

経営管理委員会の決議の成立要件、決議につき特別の利害関係を有する場合には、決議に参加することができないことは、理事会の場合と全く同じです（法34条10項→法33条１・２・５項）。

４．議事録

経営管理委員会の議事についての議事録の作成、備置き等については、理事会の議事録に準じます（法34条10項→法33条３・４項、法35条）。

第6章

常勤役員会・監事会

Ⅰ 常勤役員会

1．常勤役員会の意義

組合には、法律で設置が義務付けられている理事会等のほかに、常勤理事会、常勤役員会、常務者会議等の名称の任意の機関（以下、「常勤役員会」と総称します）が設けられているのが一般的です。

常勤役員会は、任意の組織ですので、その名称、構成メンバー、性格、権限、運営方法等も組合によって異なります。

一般的には、理事会等で決定の必要な事項についての予備的な検討、理事会に諮るまでもないものの関係者の合議によってしたほうがよい事項などの決裁や日常業務に関しての情報・意見の交換といったことが行われています。

2．常勤役員会の構成メンバー

常勤役員会をどのようなメンバーで構成するかは、その会議にどのような役割を期待するかに応じて、組合によって異なります。

組合長、専務理事、常務理事等のいわゆる役付理事だけで構成する、役付理事以外の常勤理事のすべてで構成する、理事以外に常勤の経営管理委員も構成員に加えるという方法もあります。

また、事項によって構成メンバーを変える、役員以外の幹部職員を加えるといったこともあります。

常勤の監事がいる場合には、監査の職務の一環としてこれら重要な会議に監事として出席を求めることが可能ですし、あらかじめ常勤監事を構成メンバーに加えておくということも考えられます。

3．常勤役員会の運営

常勤役員会の運営には、とくにこれといった決まりはありませんが、常勤役員会規程等の内規をもって、その目的、構成員、開催頻度・日時、決議を要するものとする場合には決議の要件それに議事録などに関しては定めておくべきでしょう。

なお、常勤役員会に決裁権限を与える場合には、法令・定款等に基づく理事会の決議を要する事項を実質的に決定し、理事会を形骸化することのないよう留意が必要です。とくに理事会メンバーと常勤役員会のメンバーとの多くが重複するようなケースでは注意が必要です。

理事会は、業務執行に関する意思決定だけでなく理事の職務執行を監視する機能をも担っていますし、その議事録は組合員および利害関係人に備置き・開示され、役員の責任の解明の有力な証拠書類の１つになるという意味でも蔑(ないがし)ろにされてはなりません。

したがって、常勤役員会に出席しない理事等は、とくに理事会に上程されている事項に関する決議の判断に必要な具体的な説明や資料の開示を求めることが必要ともなることを自覚することが重要です。

Ⅱ 監事会

1．監事会とは

監事は、会議体の機関ではなく、独任制の機関として一人ひとりの監事がそれぞれ監事として権限をすべて有しています。

しかし、監事がその業務を実際に行ううえでは、監事全員の協議によることが望ましい事項や監事の選任議案等の総(代)会提出にあたっての監事の過半数による同意など、一堂に会して協議したほうがよいと思われるものが少なくありません。

そこで、多くの組合においては、組織的かつ効率的な監査を実施するために、監事の協議の場としての監事会を設置し、情報の共有化を図るとともに、監査計画や役割分担等について協議を行っているのが通例です。

2．監事会の運営

常勤役員会と同様、任意の組織ですので、とくにこれといった決まりはあるわけではありません。しかし、常設のものとするのであれば、監事会規程等の内規をもって、その目的、構成員、開催頻度・日時、協議事項、決議によって合意を形成する場合には決議の要件それに議事録などに関しては定めておくべきでしょう。

協議事項としては、監査計画、役割分担、監事の個別報酬額等の決定、常勤監事の選定・解職、監事の同意権の行使に関する事項、理事等に対する責任追及の訴え提起の要否等が考えられます。

なお、監事会を設置した場合でも、上述したとおり、監事は独任制の機関ですので、監事会は各監事が自らの判断において権限行使をすることを妨げることのないよう留意が必要です。

第7章

役員の責任

役員の権限と責任との関係

役員は、組合と委任の関係に立ちます（法30条の３）。

役員には、委任関係に基づいて法律によって職務上の権限が与えられると同時に、委任関係に基づき組合に対して職務遂行に当たって善管注意義務（民法644条）を負い、また忠実義務（法35条の２第１項、35条の５第５項）を負います。

役員が、その職務上の権限を適切に行使することは権限であると同時

Column

故意と過失

「故意」とは、刑事上は「罪を犯す意」と同じ意味ですが、民事上は、ある一定の結果が生じることを欲してわざと行うような場合に加え、一定の結果が生じるであろうということを認識しつつ債務の履行を怠り、または結果を認識しつつ何らの行為もしないことを意味する点で違いがあります。

これに対し、「過失」とは、簡単にいうと必要な注意義務を尽くすことを怠り、または合理的な努力も欠くことをいいます。したがって、法律上は、期待される注意義務を尽くしたにもかかわらず一定の結果が生じた場合には過失がなかったことになります。また、例えば損害の発生は予測することができ、損害の発生を防止する義務が認められたにもかかわらず何の措置も講じなかったような場合には、過失があったということになります。

なお、民事上は、原則として責任の要件その他の法律効果に関して「故意」と「過失」を同一に取り扱っています。

に義務になりますので、その義務の履行を怠り組合に対して損害を与えたときには、民法上の債務不履行の一般原則（民法415条）に従って損害賠償責任を負うことになります。

この責任は結果責任ではなく、過失責任であり、組合に損害が生じたとしても職務遂行にあたって故意または過失がなければ責任を負うことはありません。

なお、以上は委任関係に基づく組合に対する責任ですが、役員が職務遂行上の故意または過失によって、第三者の権利または法律上保護される利益を侵害したときには、民法上これによって生じた第三者の損害を賠償する責任を負うことになります（民法709条）。

Ⅱ　責任の種類

役員の責任と一口にいっても、その内容は多岐にわたります。大別すると民事責任と刑事責任の２種類の責任になりますが、このほかどちらにも属さない秩序罰としての過料という金銭的制裁があります。なお、過料の対象となる行為はたくさんあり、農協法101条に列挙されています。

１．民事責任

民事責任とは、他人の権利または利益を不当に侵害した者が、被害者に対して損害を賠償する私法上の責任のことをいいます。

これには、民法上の不法行為責任（民法709条）と契約上の義務やその他法律上の義務の不履行（債務不履行）による責任（民法415条等）があり、不法行為または債務不履行によって第三者に生じた損害を回復させるための損害賠償責任が発生します。

2．刑事責任

（1）刑事責任としての刑罰

刑事責任とは、犯罪を犯したことに伴って生じる責任で刑罰が科されることをいいます。刑罰は、犯罪行為に関与した個人が対象となり、法人自体が刑罰の対象となる場合はかぎられていますが、社会的に糾弾の対象となる性格をもったものであり、刑罰が科される行為が行われた場合、社会的なダメージも大きくなります。

刑罰を定めた最も重要なものが「刑法（刑法典）」という法律ですが、刑法以外にも刑罰の規定を含む法律はたくさんあります。これらを「特別刑法」ということがありますが、この特別刑法も実質的な意味での「刑法」であり、農協法もその１つです。

（2）業務に関連した主な刑法上の犯罪

組合の業務に関連して引き起こされる犯罪の主なものには、次のようなものがあります。

①　背任罪（刑法247条）

組合の財産を侵害する行為の典型的な犯罪の１つがこの背任罪です。５年以下の懲役または50万円以下の罰金刑が科されます。

この背任罪は、他人の信任関係に基づき事務を処理する者が、その信任関係に背いて財産上の損害を加えるというところにその本質があります。不正融資等に伴って背任罪に問われた例が少なくありません。

②　業務上横領罪（刑法253条）

業務上、自己の占有する他人の物を横領した場合に成立する罪で、10年以下の懲役刑が科されます。他人の財産を他人の犠牲において自分の財産にする行為で財産権の侵害に対する基本的な犯罪です。この罪は、他人の物を私的に流用することで成立し、後日返すつもりであっても、また返したとしても成立します。

③　詐欺罪（刑法246条１項）

人を欺いて財物を交付させた場合に成立する罪で、10年以下の懲役刑が科されます。

④　電子計算機使用詐欺罪（刑法246条の２）

機械は騙されることはないので、これに対する詐欺罪は成立する余地はありません。電子計算機詐欺罪というのは、コンピュータに虚偽・不正の情報を与え、その結果、財産的な利益を得た（誰かに得させた）場合に成立し、10年以下の懲役刑が科されます。

⑤　私文書偽造罪（刑法159条）

文書偽造の罪とは、社会生活の安定をはかるため文書に対する信用を保護するためのものです。行使する目的で、他人の印章・署名を使用して、または偽造した他人の印章・署名を使用して、権利、義務もしくは事実証明に関する文書もしくは図画を偽造または変造した場合には、いわゆる有印私文書偽造罪が成立します（３月以上５年以下の懲役刑）。また、印章・署名のない権利、義務または事実証明に関する文書または図画を偽造または変造した場合には、１年以下の懲役刑または10万円以下の罰金刑が科されます。

なお、これら偽造文書を行使した者は、偽造私文書等行使罪として、その文書を偽造・変造した者と同一の刑が科されます（刑法161条）。

⑥　私印偽造・不正使用罪（刑法167条）

ニセの印章・署名を行使の目的で作った場合、本物の印章・署名を不正に使用した場合、またはニセの印章・署名を偽物と知りつつ使用した場合には、私印偽造または私印不正使用罪が成立し、３年以下の懲役刑が科されます。

⑦　贈賄罪（刑法198条）

公務員が、その職務に関して賄賂を収受し、またはその要求もしくは約束をしたときには、収賄罪が成立しますが、賄賂を贈る側も罰せられます。すなわち、賄賂を供与し、またはその申込みもしくは約束をした場合には、３年以下の懲役刑または250万円以下の罰金刑が科されます。

（３）農協法に定める刑罰

①　事業の範囲外の貸付け・手形の割引（法99条；３年以下の懲役または100万円以下の罰金。ただし貯金等の受入れまたは共済の事業を行う組合の役員にあっては、３年以下の懲役または300万円以下の罰金。併科あり）。なお、刑法の罪により刑罰が科される場合には刑法が適用される。

②　損失補てん等の禁止違反等（法99条の２；３年以下の懲役または300万円以下の罰金。併科・法人両罰※規定あり）

③　特定信用事業代理業の許可条件・業務停止命令違反等（法99条の３；２年以下の懲役または300万円以下の罰金。法人両罰規定あり）

④　金融分野の紛争解決等業務を行う者の違反行為等（法99条の４；１年以下の懲役または300万円以下の罰金。併科・法人両罰規定あり）

⑤　業務報告書等の虚偽記載・虚偽報告等（法99条の５；50万円以下の罰金刑。なお、特定信用事業代理業に関する報告書の不提出・虚偽記載等については、１年以下の懲役または300万円以下の罰金。法人両罰規定あり）

⑥　ディスクロージャー誌の不開示・虚偽記載等（法99条の６；１年以下の懲役または300万円以下の罰金。法人両罰規定あり）

⑦　特定信用事業代理業者の業務違反・虚偽報告・検査妨害等（同上）

⑧　行政庁による報告徴求に対する虚偽報告等・行政庁の検査妨害等（法99条の７；50万円以下の罰金。なお、貯金等の受入れまたは共済の事業を行う組合およびその子会社等に係るものは１年以下の懲役または300万円以下の罰金。法人両罰規定あり）

⑨　信用事業の利用者への虚偽申告等（法99条の８；１年以下の懲役または100万円以下の罰金。併科・法人両罰規定あり）

⑩　共済契約者等への虚偽申告等（法99条の９；１年以下の懲役または100万円以下の罰金。併科・法人両罰規定あり）

⑪　共済契約の条件変更に係る行政庁の承認に係る虚偽報告・検査妨害等（法99条の11；１年以下の懲役または50万円以下の罰金）

⑫　金融標品取引業に関する虚偽広告等（法100条の２；６ヵ月以下の懲役または50万円以下の罰金。併科・法人両罰規定あり）

※法人両罰とは、行為者自身を罰するほか法人も罰するというもの。

（４）その他の法律による刑罰

業務に関連し、農協法以外の法律によって刑罰が科される主なものとして、次のようなものがあります。

①　預金等に係る不当契約の禁止違反

いわゆる導入預金（貯金）を取り締まるもので、導入預金とは、預金者が、当該預金に関し、裏利など特別の金銭上の利益を得る目的で、特定の第三者と通じ、当該預金等に係る債権を担保として提供することなく、当該金融機関がその者の指定する特定の第三者に対し資金の融通、または当該第三者のために債務の保証をする契約またはその預金をいいます。

金融機関は、導入預金を受け入れてはならず、これに違反した場合には、３年以下の懲役または30万円以下の罰金刑（併科・法人両罰規定あり）に処せられます（預金等に係る不当契約の取締に関する法律５条・６条）。

②　浮き貸し禁止違反

金融機関の役職員が、その地位を利用し、自己または当該金融機関以外の第三者の利益を図るため、金銭の貸付け、金銭の貸借の媒介または債務の保証をすることは禁止されています。金融機関の役職員であるという地位を用いたサイドビジネスを行うものであり、これに違反した者は、３年以下の懲役または300万円以下の罰金刑（併科あり）に処せられます（出資の受入れ、預り金及び金利等の取締りに関する法律８条３項）。

③　独占禁止法違反

組合の行為は、原則として、独占禁止法の適用除外ですが、不公正な取引方法を用いる場合や一定の取引分野における競争を実質的に制限することによって不当に対価を引き上げることとなる場合には、適用除外にはなりません。

例えば、不公正な取引方法等を用いることで、公共の利益に反して、一定の取引分野における競争を実質的に制限することとなった場合には、独占禁止法３条違反として、５年以下の懲役または500万円以下の罰金刑（法人両罰規定あり）に処せられることとなる可能性があります（私的独占の禁止及び公正取引の確保に関する法律89条、95条）。

④　不正競争防止法違反

他人の商品等表示（人の業務に係る氏名、商号、商標、標章、商品の容器もしくは包装その他の商品または営業を表示するものをいう）として需要者の間に広く認識されているものと同一もしくは類似の商品等表示を使用等し、商品の原産地、品質、内容、製造方法、用途・数量またはその役務の質・内容・用途・数量について誤認させるような表示等をした場合には、5年以下の懲役または500万円以下の罰金刑（併科・法人両罰規定あり）に処世られます（不正競争防止法21条2項1号－2条1項1号・14号、22条）

⑤　**食品衛生法違反**

食品衛生法に定める禁止規定に違反して食品等を販売し、または販売の用に供するために製造・加工等をした場合には、3年以下の懲役または300万円以下の罰金刑（併科・法人両罰規定あり）に処せられます（食品衛生法81条1項1号－6条・10条・12条）。なお、食品や添加物について、定められた基準・規格に従わないで製造・調理・加工等し、または販売した場合には、2年以下の懲役または200万円以下の罰金刑（併科・法人両罰規定あり）に処せられます（同法82条1項－13条2項・3項、88条）。

Ⅲ　組合に対する責任

1．自らの行為に基づく責任

農協法は、役員は、その任務を怠ったときは、組合に対し、これによって生じた損害を賠償する責任を負う旨規定しています（法35条の6第1項、会計監査人については37条の3第2項で同項を準用）。

これは組合との委任関係に基づく責任にほかなりません。ここに「任務を怠ったとき」とは、善管注意義務に違反することであり、役員が善良なる管理者の注意義務を尽くして職務を遂行したかどうかが問題になります。そして、前述のようにその際の役員に求められる注意義務の程度は、役員個人が有している知識や能力、注意力によって判断されるものではなく、その地位にある者に一般的に要求される程度の注意義務によって判断されることになります。すなわち、一般的な役員であれば通常は下さない判断を下したような場合には、善管注意義務違反が認められることになります。

なお、その行う事業の性格に応じ、求められる注意義務の程度は一様ではありません。不特定多数の者に影響を及ぼすおそれの強い公共的性格をもった信用事業や共済事業のような事業とそれ以外の事業とでは、自ずと異なることになります。

2．他人の行為についての責任

（1）不作為による任務懈怠責任

役員等の組合に対する任務懈怠に伴う責任は、代表理事等の重大な任務違反を知りながら必要な措置（理事会の招集など）をとることなく、漫然とこれを放置したような場合にも認められます。これは不作為による任務懈怠責任です。

理事は、理事の業務執行の監督の権限を有する理事会の構成員たる地位において、また代表理事は、単に理事会の一員として注意を払うばかりではなく、その業務執行者としての地位に基づき他の理事の職務の執行が適正になされるように注意する義務を負うものと解されるからです（参照：最大判昭44・11・26民集23巻11号2150頁、最三小判昭48・5・22民集27巻5号655頁）。

なお、この監視義務は、代表理事等の行為を日常的に常時監視する義務があるというわけではありません。他の理事の違法な職務執行を探知することが不可能ないし困難である場合にまで任務懈怠の責任を負うことにはなりません（参照：東京地判昭61・2・18金融・商事判例754号31頁）。

経営管理委員は、経営管理委員会の構成員として、組合の重要な業務

Column

経営判断の原則

注意義務を尽くしたかどうかに関し、「経営判断の原則」（business judgment rule）といわれるものがあります。この経営判断の原則とは、事業には危険が伴うもので、役員が経営判断を行う際には、広い裁量権が認められるべきであり、仮にその判断が企業に損害をもたらす結果を事後的に生ぜしめたとしても、行為時点において不合理な意思決定を行ったのでなければ、当該役員の善管注意義務違反・忠実義務違反の責任は問われるべきではないとする考え方です。

この経営判断の原則は、もともと米国において生成された判例法理で、米国では一定の要件のもとに司法審査を排除する法理として機能しているといわれています。わが国においても、裁判所が義務違反の有無を判断するに当たっての枠組みとして働いている例も出てきており、信用組合の例でも「裁量の存在を前提としても、当該判断が、当時の具体的状況下における理事の判断として著しく不合理なものであるときには、当該理事は、善管注意義務及び忠実義務に違反するものとして、信用組合に対して損害を賠償する責任を負う」（東京地判平18・７・６判時1949号154頁）としたもの等があります。

これまで経営判断の原則を適用したと思われる判例では、①経営判断の前提となる事実認識の過程における不注意な誤りに起因する不合理性、②事実認識に基づく意思決定の推論過程および内容の著しい不合理性の有無が審査の対象になっています。ただし、わが国の裁判例では、いわゆる「米国型」の経営判断の原則――経営判断の過程面（相当な情報収集を行ったか否か）と内容面（意思決定が合理的か否か）とを峻別し、裁判所はもっぱら前者についてのみ審査を行い、後者については原則として立ち入らない――は、採用されていません。

執行に関する意思決定に関与すると同時に、代表理事等の選・解任権限を有していますので、少なくとも理事の業務執行の職務執行が経営管理委員会の決定した基本方針に従って適正になされているかどうかを監督する義務を負うものと解されます。

監事については、理事の職務執行を監査する機関として、善良なる管理者の注意をもってその職務権限を行使すべき義務を負っており、故意または過失によりこの義務に違反した場合において組合に対し損害賠償責任の責任を負うことになります。

（2）監視義務違反の責任を免れるには

① 理事一般の監視義務

理事は、理事会の構成員として組合の業務執行に関する意思決定に加わるとともに理事会を通じ代表理事や業務執行を行う理事の職務の執行を監督する権限と義務を負っています。理事会に上程された事項に関し、代表理事等の職務の執行を監視すべきことは理事の当然の義務であるといえますが、この監視義務の程度と範囲が問題となります。

取締役会設置会社についての判例ですが、昭和48年の最高裁判決は「株式会社の取締役会は会社の業務執行につき監査する地位にあるから、取締役会を構成する取締役は、会社に対し、取締役会に上程された事柄についてだけ監視するにとどまらず、代表取締役の業務執行一般につき、これを監視し、必要があれば、取締役会を自ら招集し、あるいは招集することを求め、取締役会を通じて業務執行が適正に行なわれるようにする職務を有する」（最三小判昭48・5・22民集27巻5号655頁）と、その及ぶ範囲は取締役会に上程された事柄だけに限定されるものではないと判示しました。

理事会制のもとでの組合の理事についてもこれと同様であると解されます。

業務執行を担当しないいわゆる平理事であっても、組合員から組合の経営を委ねられた者ですので、理事としては組合の抱える課題や経営の現況等については、当然のこととして把握しておくべきは理事の義務であるといえます。

農協法には会社法と異なり、代表理事や業務執行理事が自己の職務の執行の状況を３ヵ月に１回以上、定期的に報告しなければならないとする旨の規定（会社法363条２項）はありませんが、代表理事や業務執行理事は、進んで自ら担当する業務につき随時報告をすべきであり、理事（理事会）には代表理事や業務執行理事に対し、その監督上必要な報告を求める義務があるというべきでしょう。

具体的には、平理事の場合、理事会に上程された事項および業務執行の状況に関する報告を通じて、業務執行を担当する理事の職務執行を監視するとともに、理事会という場はもとより、それ以外であっても、理事の不当・不正な行為を知り得た場合やそれらの行為が行われることを疑う事情が客観的に認められる場合においては、是正するための理事会の招集等の行為を積極的にとることが必要になってきます。それにもかかわらず、何らの是正もされない場合には、最終的には代表理事等を解任する必要も出てくるでしょう。

経営管理委員および監事は、理事とその職務は異なりますが、それぞれの職務上の地位に基づき代表理事等の行為についての監視義務を負っています。

理事等が監視義務違反の責任を問われるリスクを免れるためには、法律上それぞれに与えられた権限を最大限、適切に行使することが必要だといえます。

②　代表理事等の監視義務

代表理事および業務執行を担当する理事が組合の業務執行をする権限を有するからといって業務執行のすべてを理事がするわけではなく、自らが担当する業務についてはその指揮監督のもと、従業員を使って業務を行うことになります。

理事会は理事の職務執行を監督する権能を有していますので、各理事は業務執行についての監視義務を負います。しかしながら、組織が大きくなり、従業員も多くなると、組合の業務執行について１人の理事がすべて掌握することは当然ながら不可能になります。

だからといって他の理事や従業員を信頼して任せきりにしていたのでは、法律が求めている監視機能は果たせなくなってしまいます。

そこで、理事は理事会の構成員として、代表取締役や業務執行を担当する理事は自ら所掌する業務を指揮・命令する立場において、それぞれの事業の規模や特性に応じて、リスク管理体制（いわゆる内部統制システム）を構築するべき義務を負い、さらに代表理事および業務執行を担う理事がリスク管理体制を構築するべき義務を履行しているか否かを監視する義務を負うことになります（参照：大阪地判平12・９・20金融・商事判例1101号３頁等）。

農協法は、会社法や信用金庫法等のように明文をもって内部統制システムの整備を求めてはいません。しかし、内部統制システムの構築と整備による経営の適正の確保は、理事の義務であり、仮に従業員等による不正が生じても内部統制システムの構築と整備が図られていれば、理事はその監視義務懈怠の責任を免れうるという意味で重要な意義をもっています。

３．責任を負うのは誰か

以上に述べた責任は、民法の債務不履行に基づく責任（民法415条）にほかならず、それは任務懈怠についての故意・過失を要件とする過失責任であり、責任を負うのは過失があった役員になります。

なお、監督（監視）義務違反による不作為責任はともかく、それぞれ責任原因たる行為をした理事ですが、その行為が理事会（経営管理委員設置組合にあっては、理事会または経営管理委員会）の決議に基づき行われたときは、決議に賛成した理事（経営管理委員設置組合にあっては、理事または経営管理委員）は、その行為をしたものとみなされます（法35条の６第２項）。

ある理事または経営管理委員が決議に賛成したか否かは、事実問題であって、本来その者の責任を追及する者が立証すべきことになります。しかし、その立証の困難を救うため、農協法ではとくに、決議に参加した理事または経営管理委員で議事録に異議をとどめなかった理事または経営管理委員は決議に賛成したものと推定するとしています（法34条10項→法33条５項）。したがって、かかる理事または経営管理委員が責任を免れようとするには、自ら決議に反対した旨を立証しなければならないことになります。

責任を負うのは過失のあった役員ですが、責任を負う者が複数いる場合には、それらの者の責任は連帯責任となります（法35条の６第10項）。

４．責任の免除

役員の任務懈怠のよる組合に対する責任は、原則として、総組合員の同意がなければ免除することができません（法35条の６第３項）。したがって、１人の組合員でも反対するならば、免責の効力は生じません。これは、後述するように代表訴訟制度を認めて各組合員が自ら役員等の責任を追及することができるようにしたことと相容れないからです。

ただし、「職務を行うにつき善意でかつ重大な過失がないとき」に限り、一定の条件のもと、総(代)会の特別決議をもって一定額を超える部分について免除することができることとされています（法35条の６第４項、46条５号）。すなわち、賠償責任を負う額から、その在職中に組合から職務執行の対価として受け、または受けるべき財産上の利益の１年間当たりの額に相当する額として農林水産省令で定める方法により算定される額について、代表理事の場合には６年分、代表理事以外の理事または経営管理委員の場合には４年分、監事または会計監査人の場合には

２年分を控除した額を限度として免除することができることになっています。

この決議に際しては、理事（経営管理委員設置組合にあっては、経営管理委員）は、総(代)会において、①責任の原因となった事実および賠償の責任を負う額、②責任のうち免除することができる額の限度およびその算定の根拠、ならびに③責任を免除すべき理由および免除額、を開示しなければなりません（法35条の６第５項）。また、この責任の免除（理事、経営管理委員の責任の免除に限る）に関する議案を総(代)会に提出するには、各監事の同意を得なければなりません（同条６項）。

また、責任免除に関する決議があった後に、免除を受けた役員等に対し退職慰労金その他の農林水産省令で定める財産上の利益を与えるときは、他の役員に支給する退職慰労金等との総額を示すだけでは足りず、当該役員に支給する額を明らかにして総(代)会の承認を受けなければならないことになっています（同条７項）。

第三者に対する責任

１．任務懈怠に伴う第三者に対する損害賠償責任

役員に任務懈怠があった場合、前述のように組合から責任を追及されることがあるのは組合との委任関係において当然です。

これに対し、役員がその職務を行うについて第三者に損害を与えた場合にも、一般の不法行為の要件（民法709条）を満たす場合を除き、第三者に対し責任を負うのは組合であって、組合以外の第三者からは責任を追及されないのが原則です。これは役員とは第三者の間には直接の法律関係がないからです。

しかし、農協法は、役員がその職務を行うについて、悪意または重大な過失があったときは、その役員は、第三者に対し連帯して損害賠償の責を負うと定めています（法35条の６第８項・10項）。

この責任は、理事にあっては、重要な事項につき、貸借対照表、財産目録、損益計算書、剰余金処分案または損失処理案その他農林水産省令で定めるものならびに事業報告ならびにこれらの附属明細書に虚偽の記載または記録をし、または虚偽の登記もしくは公告をしたとき、監事または会計監査人にあっては、監査報告に記載または記録すべき重要な事項につき虚偽の記載等をした場合にも認められています（同条９項各号）。この場合、その記載等をなすにつき注意を怠らなかったことを証明しなければ、これらの者はその責任を免れません（同項本文）。

これは、組合と取引をする第三者の保護をはかった特別の法定責任で、行為者である役員の第三者に対する権利侵害や故意・過失があったどうかは問題にならず、組合に対する職務上の任務違反について悪意または重過失（軽過失は除く）があった結果、第三者が直接に損害を被った場合（直接損害）であるか、組合が損失を被った結果ひいては第三者が損害を被った場合（間接損害）であるかを問わない点で、一般の不法行為責任とは要件が異なっています。

なお、この任務懈怠による第三者に対する責任は、監視義務違反等についても認められる点でも、代表権のない理事、経営管理委員および監事についてとくに重要な意味をもっているといえます。

２．民法上の第三者に対する責任

組合の役員が業務上の故意または過失によって第三者の権利または法律上保護される利益を侵害した場合には、当該役員が民法709条の規定に基づき直接第三者に対して損害賠償の責任を負います。

また、この場合、組合も農協法35条の４第２項で準用する会社法350条の規定に従い損害賠償の責任を負います。

なお、この場合には、故意または過失のあった役員は、組合に対しても任務懈怠に伴う責任を負いますので、当然のことながら第三者ばかりでなく組合に対しても損害賠償の責任を負うことになります。

以上のケースは、組合の不法行為が成立する場合ですが、組合の代表権や代理権のない理事や使用人が事業の執行について第三者に損害を与えた場合にも組合が使用者責任を負う場合があります（民法715条1項）。そして、この場合、使用者である組合に代わって当該理事や使用人を監督する立場にあった者も第三者に対する責任を負う（同条2項）場合がありますので、理事が監督者の立場にあったとすれば、民法715条2項の規定に従って責任を負う場合がでてきます。

V 会計監査人の責任

1．任務懈怠による組合に対する責任

会計監査人も役員と同様、組合とは委任の関係（法37条の3第1項→法30条の3）にありますので、組合に対して善管注意義務（民法644条）を負っています。

したがって、具体的な法律または定款の規定に違反した場合はもちろん、会計監査の職業的専門家としての一般的な善管注意義務に違反して組合に損害を与えたときには、民法上の債務不履行の一般原則（民法415条）によって組合に対して損害賠償の責任を負います。

会計監査人の善管注意義務違反としては、例えば粉飾決算が疑われる場合において、監査上のリスクを検証し、不正のおそれも視野に入れて慎重な監査を行うべきであるにもかかわらず会計上の不正を見逃したような場合（参照：大阪地判平20・4・18金融・商事判例1294号10頁等）が考えられます。

２．第三者に対する責任

会計監査報告に記載し、または記録すべき重要な事項について虚偽の記載等をした場合には、監事の場合と同様に、それによって第三者に生じた損害を連帯して賠償する責任（法37条の３第２項→35条の６第９項２号、10項）を負います。

そして、この会計監査人の責任は、会計監査報告への虚偽記載等に関し、注意を怠らなかったことを会計監査人が証明しないかぎりは、責任を免れることはできません。

補償契約および役員等賠償責任保険契約

前述のように、役員および会計監査人（役員等）が、その任務を怠ったときは、組合に対し、これによって生じた損害を賠償する責任を負うほか、第三者に対してもその損害を賠償する責任を負う場合がでてきます。

この場合の組合に対する責任は、原則として、総組合員の同意がなければ免除することができません（法35条の６第３項）が、職務を行うにつき善意でかつ重大な過失がないときに限り、一定の条件のもと、総（代）会の特別決議をもって一定額を超える部分については免除することができることとされています（法35条の６第４項、46条５号）。

ただし、組合においてこの責任軽減制度が活用された例はないようで、新たに令和元年の法律改正によって、①補償契約、および②役員等賠償責任保険契約に関する制度が導入されています。

1．補償契約

（1）補償契約とは

「補償契約」とは、役員等がその職務の執行に関して発生した費用や第三者に生じた損害を賠償することによって生じる損失の全部または一部を組合が負担することを役員等と約する契約をいいます。

補償契約の対象の費用等は、①役員等が、その職務の執行に関し、法令の規定に違反したことが疑われ、または責任の追及に係る請求を受けたことに対処するために支出する費用（いわゆる防御費用）、および②役員等が、その職務の執行に関し、第三者に生じた損害を賠償する責任を負う場合における損失で、具体的には（i）当該損害を当該役員等が賠償することにより生ずる損失、または（ii）当該損害の賠償に関する紛争について当事者間に和解が成立したときは、当該役員等が当該和解に基づく金銭を支払うことにより生ずる損失です（法35条の7第1項、会計監査人につき法37条の3第2項で同条1項から3項までの規定を準用）。

しかし、補償契約を締結している場合であっても、組合は、①防御費用のうち通常要する費用の額を超える部分、②組合が第三者に対して損害を賠償した場合において役員等に対して求償することができる部分、および③役員等がその職務を行うにつき悪意または重大な過失があったことにより第三者に対して損害を賠償する責任を負う場合における賠償金および和解金については、補償することができません（法35条の7第2項）。

なお、組合が、補償を受けた役員等が自己もしくは第三者の不正な利益を図り、または組合に損害を加える目的で職務を執行したことを知ったときは、その役員等に対し、組合が補償した金額に相当する金銭の返還を請求することができることとされています（同条3項）。

（２）補償契約の内容の決定

補償契約については、役員等と組合との利益が相反するおそれがあり、また補償契約の内容が役員等の職務執行の適正性に影響を与えるおそれがあることから、利益相反取引に準じた規律となっています。

すなわち、補償契約の内容の決定を行うには、理事会（経営管理委員設置組合にあっては、経営管理委員会。以下、本項で同じ）の決議が必要（法35条の７第１項本文）となっています。

なお、補償契約に基づく補償をした理事および補償を受けた理事（経営管理委員設置組合にあっては、理事および経営管理委員。会計監査人は除く）は、遅滞なく、その補償についての重要な事実を理事会に報告しなければならないこととされています（同条４項）。

（３）開　示

役員（理事、経営管理委員および監事）との間で補償契約を締結しているときは、①補償契約を締結している役員の氏名およびその補償契約の内容の概要、②防御費用を補償した場合においてその役員が職務の執行に関し法令の規定に違反したこと、または責任を負うことを知ったときはその旨、③損失を補償した場合にはその旨および金額を通常総会に提出する事業報告に記載しなければなりません（施行規則139条３号ホ～ト）。

また、役員および会計監査人の選任議案を総会に提出する場合の総会参考書類には、候補者との間で補償契約を締結しているとき（締結する予定がある場合を含む）は、その補償契約の内容の概要を記載することが求められています（同規則164条５号、165条１項６号、165条の２第５号）。

2．役員等賠償責任保険契約

（1）役員等賠償責任保険契約とは

役員等賠償責任保険契約とは、組合が、保険者との間で締結する保険契約のうち役員等がその職務の執行に関し責任を負うこと、またはその責任の追及に係る請求を受けることによって生ずることのある損害を保険者が填補することを約するものであって、役員等を被保険者とするものをいいます（法35条の8、会計監査人につき法37条の3第2項で同条の規定を準用）。

ただし、保険契約を締結することにより被保険者である役員等の職務の執行の適正性が著しく損なわれるおそれがない、生産物賠償責任保険（PL保険）、自動車損害賠償責任保険、海外旅行保険等はこの役員等賠償責任保険契約から除かれています（法35条の8、施行規則84条の2）。

（2）役員等賠償責任保険契約の内容の決定

役員等賠償責任保険契約の内容の決定をするには、補償契約と同様、理事会（経営管理委員設置組合にあっては、経営管理委員会）の決議によらなければなりません（法35条の8第1項本文）。

なお、保険契約の場合には、補償契約に基づく費用・損失の補償の場合とは異なり、事後報告の義務はありません。

（3）開　示

役員との間で役員賠償責任保険契約を締結しているときは、①被保険者の範囲、②保険契約の内容の概要（被保険者が実質的に保険料を負担している場合にあってはその負担割合および填補の対象とされる保険事故の概要）を事業報告に記載しなければなりません（施行規則139条3号チ）。

役員（理事、経営管理委員および監事）との間で補償契約を締結しているときは、①補償契約を締結している役員の氏名およびその補償契約の内容の概要、②防御費用を補償した場合においてその役員が職務の執行に関し法令の規定に違反したこと、または責任を負うことを知ったときはその旨、③損失を補償した場合にはその旨および金額を通常総会に提出する事業報告に記載しなければなりません（同規則139条３号ホ～ト）。

また、総会における役員および会計監査人の選任議案を総会に提出する場合の総会参考書類には、候補者を被保険者とする役員等損害賠償保険契約を締結しているとき（締結する予定がある場合を含む）は、その保険契約の内容の概要を記載する必要があります（同規則164条６号、165条１項７号、165条の２第６号）。

第8章

代表訴訟と違法行為の差止め

代表訴訟

1．組合員の代表訴訟制度の意義

組合員の代表訴訟とは、組合が役員または会計監査人（役員等）の組合に対する責任を追及する訴えの提起を怠っているときに、個々の組合員が自ら組合のために役員等の責任を追及する訴訟を提起できるようにしたものです。

役員等の責任は、本来組合自身が追及すべきものですが、役員等間の特殊な関係から、組合自身が積極的に役員等の責任追及が行われない可能性があり、その結果組合ひいては組合員の利益が害される害されることとなります。そこで、個々の組合員が組合のために役員等の責任の追及の訴えを提起することを認めたものです。この場合において、組合員は、実質上、組合の代表機関的地位に立つため、一般に組合員代表訴訟と呼ばれています。

2．代表訴訟の対象となる責任

代表訴訟によって追及できる役員等の責任は、役員等の組合に対する責任です。

その在任中に生じた責任については、退任後においても認められます。なお、理事および経営管理委員の取引上の債務を含むかについては見解が分かれるところだと思われますが、代表訴訟が認められる責任が農協法所定の責任と解するとしても、その在任中に負担した債務の履行をしないような場合には、忠実義務の責任を追及できると解されますので、取引上の債務を除外すべき理由はなく、組合に対して負担する一切の債務を含むと解して差し支えないと考えられます（参照：最三小判平

21・３・10民集63巻３号361頁）。

３．代表訴訟を提起できる者と訴えの手続

（１）代表訴訟を提起できる者

代表訴訟を提起できる者は、６ヵ月（これを下回る期間を定款で定めた場合には、その期間）前から引続き組合員である者です（法41条→会社法847条１項）。

持分の相続や合併など権利義務の包括承継によって組合員となった者については、被承継人の保有期間をも通算して６ヵ月あれば足り、また組合成立後６ヵ月を経過していない組合の場合には、組合成立後引き続いて組合員であればよいと解されます。

なお、濫訴防止の観点から、訴えがその組合員もしくは第三者の不正な利益を図り、または組合に損害を加えることを目的とする場合には、訴えの提起を請求できないとされています（法41条→会社法847条１項ただし書）。

（２）訴訟提起の手続

①　提訴請求

組合員が代表訴訟を提起するには、まず組合に対して書面（電磁的方法によることも可）をもって役員等の責任を追及する訴えの提起を請求することが必要です。この請求には、訴えを提起すべき旨の請求はもとより、被告たるべき者の氏名・その責任発生の原因たる事実をも記載しなければなりません（法41条→会社法847条１項）。

そして、請求の日から60日以内に組合が訴えを提起しない場合に初めて、組合員自ら訴えを提起することができることになります（法41条→会社法847条３項、施行規則85条）。

なお、これには例外があり、組合に対して請求した後、60日の経過を待って訴えを提起したのでは組合に回復すべからざる損害を生ずるおそ

れがある場合には、組合に対して請求をしないで直ちに代表訴訟を提起し、あるいは既に訴えの提起を請求した場合であっても、60日の経過を待つことなく直ちに訴えを提起することができます（法41条→会社法847条5項）。組合に回復すべからざる損害を生ずるおそれがある場合とは、例えば、役員等が財産を隠匿しまたは無資力となる場合、組合の債権が時効にかかるなどの場合が考えられます。

組合員が代表訴訟を提起したときは、遅滞なく、組合に対して訴訟告知をしなければならず、また組合が責任追及の訴えを提起したとき、または組合員から訴訟告知を受けたときは、遅滞なく、その旨を公告または組合員に通知しなければならないことになっています（法41条→会社法849条4項・5項）。これは、当事者の訴訟参加を保障するためです。

②　請求の宛先

請求の宛先は、役員等・組合間の訴訟について組合を代表すべき者、すなわち、理事または経営管理委員の責任を追及する場合には監事であり、監事または会計監査人の責任を追及する場合には代表理事となります（法35条の5第5項→会社法386条2項1号、法35条の3第2項）。

理事または経営管理委員の組合に対する責任を追及する訴えに関しての請求を受け、また代表訴訟の告知、和解の通知および催告を受けるのは監事です（法35条の5第5項→会社法386条2項）。監事または会計監査人の組合に対する責任を追及する訴えに関しては、組合を代表する権限のある代表理事となります（法35条の3第2項）。

4．訴訟の管轄と訴訟参加等

（1）訴訟の管轄

役員等の責任等を追及する訴えは、主たる事務所の所在地の地方裁判所の管轄になります（法41条→会社法848条）。これは、組合または組合員の提起する役員等の責任の訴えに、原告以外の者、すなわち組合の提起する訴えであれば組合員が、組合員の提起する代表訴訟であれば組合または他の組合員が、その訴訟に参加すること（法41条→会社法849条）が容易になるようにするためです。

（２）代表訴訟の手数料

代表訴訟の提起は、「財産上の請求でない」とみなされ（法41条→会社法847条の４第１項）、民事訴訟費用等に関する法律により、一律訴額が160万円となり（４条２項）、代表訴訟を提起する手数料は、13,000円となります。

（３）担保の提供

組合員が代表訴訟を提起した場合において、被告たる役員等がその訴えの提起が悪意に出たものであることを疎明して請求したときは、裁判所は相当の担保を立てるべきことを命ずることができます（法41条→会社法847条の４第２項・３項）。ここにいう悪意とは、原告組合員が被告役員等を害することを知ることであり、不当に被告役員等を害する意思のあることまでを要せず、また、悪意は被告たる役員等に対してであって、組合に対する悪意ではありません。

この担保提供は、濫訴を防止する目的によるものですが、代表訴訟にかぎらず、濫訴は権利の濫用として許されず（民法１条３項）、責任追及の訴えの請求が、当該組合員または第三者の不正な利益を図りまたは組合に損害を加えることを目的とする場合には、権利の濫用として不適法なものとなり（法41条→会社法847条１項ただし書）、当該組合員が代表訴訟を提起しても、訴えは不適法なものとして却下されることになります。

（４）訴訟参加と再審

役員等の責任を追及する訴えについては、原告と被告の馴合訴訟の弊害を防止する観点から、組合員または組合による訴訟の参加と再審の訴えが認められています。なお、組合員が訴訟参加する場合、その組合員は、すでに提起された訴えへの参加ですので、代表訴訟を提起する場合と異なり、6ヵ月前から引き続いて組合員である必要はありません。

なお、組合が理事・経営管理委員または理事・経営管理委員であった者を補助するために訴訟に参加する場合には、監事全員の同意が必要です（法41条→会社法849条3項1号）。

（5）再審の訴えと和解

役員等の責任を追及する訴えの提起があった場合において、原告と被告の共謀により訴訟の目的たる組合の権利を詐害する目的で判決を引き出したとき、例えば、馴合訴訟により故意に少額の請求をし、または敗訴の結果をもたらしたような場合には、組合または組合員は、確定の終局判決に対し、再審の訴えをもって不服の申立てをすることができます（法41条→会社法853条1項）。組合員が再審の訴えを提起する場合には、その組合員は、代表訴訟を提起する場合と異なり、6ヵ月前から引き続いて組合員であることも、提起前に一定の手続を踏むことも、また不服の申し立てられる判決の確定の当時組合員であったことも必要ではありません。

代表訴訟につき、訴訟上の和解をすることは可能です。組合が和解当事者でないときには、裁判所は、組合に対して和解の内容を通知し、かつ、その和解に異議があるときは2週間以内に異議を述べるべき旨を催告しなければならことになっています（法41条→会社法850条2項）。組合がその期間内に異議を述べなかったときは、通知の内容で和解することを承認したものとみなされ（法41条→会社法850条3項）、これにより、和解調書は、確定判決と同一の効力を有することになります。

和解の内容は、他の組合員には周知されることになっていないので、異議を述べるべきかどうかの判断に関する理事・監事の責任は極めて重いといえます。

5．提訴組合員の権利と責任

代表訴訟を提起した組合員が勝訴（一部勝訴を含む）した場合においては、その訴訟を行うのに必要な費用（訴訟費用を除く）を支出したとき、または弁護士に報酬を支払うべきときは、その組合員は、組合に対し、その費用の額の範囲内またはその弁護士報酬の範囲内において相当と認められる額の支払いを請求することができることになっています(法41条→会社法852条１項)。代表訴訟は、組合員が組合のために行うのであり、その判決は組合に対して効力が及び、勝訴判決の利益は組合に帰するわけですので、組合がその訴訟に要した費用を負担すべきは当然です。

一方、代表訴訟を提起した組合員が敗訴した場合には、悪意があった場合、すなわち組合を害することを知って不適当な訴訟の追及をした場合には、組合員は組合に対して損害賠償の責めを負うことになります(法41条→会社法852条２項)。組合員の訴訟の追及が不適当であったため敗訴したときは、組合は損害を被ることになるわけですが、組合員に悪意のあった場合にかぎって組合に対する損害賠償責任を負わせたのは、代表訴訟の制度を認める以上、過失の場合にまで責任を負わせるのは酷であること、訴訟追及の適否の問題については、組合が訴訟参加することによって防止することができる立場にあるからです。なお、敗訴した組合員が訴訟費用を自ら負担しなければならないことはもちろん(民事訴訟法61条)、組合員が役員等に責任がないことを知りながら訴えを提起したような場合には、その役員等に対して不法行為による損害賠償の責めをも負うことになります（民法709条)。

6．訴訟が提起された場合の組合の対応

（1）請求書の受領と法的要件のチェック

①　宛先等

理事（または経営管理委員）を被告とする提訴請求の宛先は監事宛て、監事を被告とするそれは代表理事を宛先とすることになります。

したがって、監事または代表理事が受け取ることになりますが、実務上は、提訴請求した者が法定の要件を満たす組合員であるかどうを確認するとともに、組合宛ての重要文書の受付の手続に従って受領の記録を残し、文書に受領日を付した受付印を付して文書の受領機関である監事または代表理事に回付することにすべきです。

請求書の受領日は、提訴請求することのできる組合員の要件とそれ以降の手続をすすめるうえでの基準日になります。

なお、組合員が宛先を間違えていた場合には、基本的には法的要件を満たさないことになりますが、組合が文書を受領したのであれば、正しい宛先の機関（監事または代表理事）に請求書を回付すべきでしょう（最三小判平21・3・31民集63巻3号472頁は、組合員が監事ではなく代表理事を記載した提訴請求書を組合に送付した場合であっても、監事において、上記請求書の記載内容を正確に認識した上で訴訟を提起すべきか否かを自ら判断する機会があったときは、組合員が提起した代表訴訟を不適法として却下することはできない旨判示しています）。

②　請求の特定

文書の受付段階でチェックすべきもう1つの重要な事項は、提訴請求書に、被告となるべき者の氏名および責任発生の原因たる事実が記載されているかどうかです（法41条→会社法847条1項、施行規則85条）。

（2）形式要件を欠く請求であった場合

提訴請求書が法的な形式要件を欠いている場合に、その提訴請求を拒否するかどうかの判断は、請求書に記載されている被告となるべき者に対し組合を代表して訴えを提起することとなる機関が行うことになります。

監事が訴えにつき組合を代表する場合には、監事間で協議を行い判断を行い、代表理事が代表することとなる場合には、理事会で協議を行って判断することになるでしょう。監事は、前述のように独任制の機関ですので、監事が組合を代表する場合には、最終的に各監事が判断することになります。監事間で意見が分かれる場合には、訴訟を提起するべきと判断した監事が訴えを提起することになります。

ところで、請求を受諾したか否かに関して、提訴請求をした組合員に対して報告する必要はありませんが、報告するかどうかもあわせて決定しておくべきでしょう。

なお、提訴請求が法的な形式要件を欠いている場合でも、請求事実となっている役員等の任務違背が存在しないことが自明なものでないかぎりは、事実関係の調査をすることは不可欠でしょう。

（3）組合の不提訴判断と代表訴訟の提起

組合が、請求があった日から60日以内に訴えを提起しない場合において、その請求をした組合員から請求を受けたときは、遅滞なく、訴えを提起しない理由を書面（電磁的方法によることも可）により通知しなければなりません（法41条→会社法847条４項）。

なお、監事が組合を代表して不提訴の通知をする場合には、独任制の機関として各監事が通知をすることも可能ですが、監事間に意見の相違がなければ連名で１通の不提訴理由の通知書を交付するというのが一般的でしょう。

この不提訴通知の作成義務者は、組合を代表して請求対象者に対する訴えを提起する権限のある者ですので、理事または経営管理委員の責任の追及に関しては、監事であることはいうまでもありません（法35条の５第５項→会社法386条２項２号）。

この場合、通知しなければならない事項は、①組合が行った調査の内容（次の②の判断の基礎とした資料を含む）、②請求対象者の責任または義務の有無についての判断、③請求対象者に責任または義務があると判断した場合において、責任追及の訴えを提起しないときは、その理由です（施行規則86条）。請求対象者に責任または義務があると判断したにもかかわらず、責任追及の訴えを提起しない場合の理由としては、損害額が僅少であるため訴えるコストがそれを上回るような場合が考えられます。

したがって、提訴・不提訴の判断にあたって、まずは事実関係や証拠を収集し、弁護士等専門家から意見等を聴取するなど調査を行い、責任を立証することが可能かどうかを確認して訴えを提起するかどうかの判断をしなければなりません。

また、役員等の責任が認められると判断される場合であっても、勝訴の可能性、訴訟コストとの比較考量なども必要になってきます。

（４）調査・検討過程の記録・保存

調査・検討の過程と結果については、収集した資料等とともにしっかりと記録し、保存しておくようにすべきです。

これは、訴訟を提起した場合の責任を立証する証拠になるからだけではなく、訴えを提起しない場合には、不提訴理由の通知書を作成するためであると同時に、調査・検討を行った監事（または代表理事）が善管注意義務を尽くしたかどうかを明らかにする資料としても重要となります。

７．提訴された役員の対応

（１）弁護士の選任

組合員からの訴訟提起請求において被告とされるべき役員になった場合には、訴えが提起された場合に備えて、依頼する弁護士を検討しておくべきでしょう。この場合、組合の顧問弁護士がいればその顧問弁護士ということも考えられなくはありませんが、組合との利害が相反する場合も考えられますので、個別に弁護士を立てることを検討したほうがよいと思われます。

（２）担保提供の申立て

前述のように、組合員が代表訴訟を提起した場合において、被告たる役員等がその訴えの提起が悪意に出たものであることを疎明して請求したときは、裁判所は相当の担保を立てるべきことを命ずることができます（法41条→会社法847条の４第２項・３項）。これは、その訴訟自体が不法行為を構成する場合に、被告である役員が訴訟を提起した組合員に対して損害賠償請求をするための担保となります。

しかし、この場合、原告組合員の悪意を疎明しなければなりませんのでそのための労力も必要となります。

一方、組合が役員賠償責任保険に加入していて、弁護士費用等の費用分の支払いが受けられるような場合であれば、担保提供命令の申立ては行わずに請求の棄却を求めることに専心するというのも一案でしょう。

違法行為差止請求

1．組合員の違法行為差止請求権の意義

組合員の理事の違法行為の差止請求権とは、理事が法令または定款に違反する行為（違法行為）をしようとする場合に、個々の組合員が、組合のために理事に対して、その行為の差止めを請求する権利です。

理事の違法行為の差止めは、本来、理事会等による監督権の発動により（法32条３項）、また監事による違法行為の差止請求によって行われるべきですが、それが行われない場合に備え、組合員による差止請求を認めたものです。

この差止請求権は、本来組合に属する権利を組合員が組合に代わって行使するものであり、前述の代表訴訟を提起する権利と同じ考え方に立っています。両者の違いは、理事の責任の追及のための代表訴訟制度が事後救済的であるのに対し、差止めの請求は事前阻止的である点です。

2．差止請求が認められる場合

組合員による差止めの請求は、理事が組合の目的の範囲外の行為その他法令もしくは定款に違反する行為をし、またはこれらの行為をするおそれがある場合において、組合に回復すべからざる損害を生ずるおそれがある場合にかぎって認められます（法35条の４第１項→会社法360条１項)。「回復すべからざる損害」というのは、例えば、いったん理事が財産を処分してしまうと財産の取戻しができず、しかも、その損害が理事の賠償責任によっては償われないような場合です。

なお、差止めの対象となるのは、業務の執行に携わる理事の違法行為であって、理事会または経営管理委員会の議題が法令または定款に違反する事項に関するものであっても、その決議自体を差し止めることはできません。このような違法な決議の成立を阻止するのは、各理事・経営管理委員および監事の任務にほかならないからです。

３．差止権者と差止めの手続

（１）差止めの請求ができる者

差止めの請求ができるのは、組合員の代表訴訟制度の場合と同様、６ヵ月（これを下回る期間を定款で定めた場合には、その期間）前から引続き組合員であった者です（法35条の４第１項→会社法360条１項）。

違法行為差止権は、組合のために行使されるものですので、差止めの相手方は組合ではなく、違法行為をなそうとする理事になります。

（２）差止めの手続

差止権の行使は、必ずしも訴えによる必要はありませんが、単に行為の中止を求めただけでは理事が行為を中止しないこともあります。そのため、組合員は、その理事を被告として組合のために差止めの訴えを提起し、その訴えに基づく仮処分をもってその行為を差し止めることができるというのがこの差止請求の制度です。

なお、組合員の代表訴訟制度の場合と異なり、まず組合に対して差し止めるべきことを請求する必要はなく、自ら、直ちに差止めの訴えを提起することができます。そうでなければ、差止めの目的を達成することができなくなるからです。

《付録》 役員の責任に関して参考となる判例

1．役員の善管注意義務と経営判断の原則

次の判例は信用組合の例ですが、経営判断の原則が信用組合理事についても妥当すると解したうえで、理事の善管注意義務・忠実義務違反を認めたものです。

①　信用組合の専務理事が信用状態の悪化した貸付先らに対する融資を承認したことは理事の判断として著しく不合理であり善管注意義務・忠実義務に違反するとされた事例（東京地判平18・7・6判例タイムズ1235号286頁）

「本件のように、信用組合において、理事長とともに信用組合を代表する専務理事が、貸出案件について、部・店長の起案した稟議書及びその添付書類に基づいて審査部が行った審査をさらに審査することによって、最終的な理事長の判断を補佐する仕組みが取られている場合、専務理事としての融資を行うべきか否かの判断は、融資額、返済方法、担保等といった当該融資の基本的な条件・内容等が当該信用組合における貸出事務処理規程に適合するものであることを確認したうえ、融資金の使途、申込者の業績及び資産、申込者とのそれまでの取引の状況、将来の見込み等に加え、景気の動向等の経営の外部条件をも踏まえ、当該融資によって信用組合が得る利益と負担するリスク等を総合的に判断して行うべきものであって、そこには、専門的な評価・判断を伴う経営判判断事項として一定の裁量が認められるべきであるが、このような裁量の存在を前提としても、当該判断が、当時の具体的状況下における理事の判断として著しく不合理なものであるときには、当該理事は、善管注意義務及び忠実義務に違反するものとして、信用組合に対して損害を賠償する責任を負うと解すべきである。

なお、…(略)…協同組織による金融事業に関する法律は、協同組織による金融業務の健全な経営を確保し、預金者その他の債権者及び出資者の利益を保護することにより一般の信用を維持し、もって協同組織による金融の発達を図ることを

目的とし（1条)、銀行法の一部規定を準用し、信用組合の健全な経営を確保するため、銀行と同様の種々の義務を課するとともに、監督官庁に強力な権限を認めており（6条)、信用組合の理事の裁量の幅が、銀行の取締役と比較して、より広範であると解すべき理由はない。」

2．役員の第三者に対する責任の法意

農協法35条の6第8項は「役員がその職務を行うについて悪意又重大な過失があったときは、当該役員は、これによって第三者に生じた損害を賠償する責任を負う」と役員の第三者に対する責任に関する規定をおいています。

次の最高裁判例は、これと同旨の新会社法429条1項の前身規定である改正前商法266条ノ3第1項の法意についての判断を述べていますが、農協法35条の6第8項に関しても、そのまま妥当するものといってよいでしょう。

② 株式会社の取締役が悪意または重大な過失により会社に対する義務に違反し、第三者に損害を被らせたときは、取締役の任務懈怠の行為と第三者の損害との間に相当の因果関係があるかぎり、会社が右任務解怠の行為によって損害を被つた結果、ひいて第三者に損害を生じた場合であると、直接第三者が損害を被った場合であるとを問うことなく、当該取締役が直接第三者に対し損害賠償の責を負う（最大判昭44・11・26民集23巻11号2150頁、金融・商事判例193号8頁)

「商法は、株式会社の取締役の第三者に対する責任に関する規定として266条ノ3を置き、同条1項前段において、取締役がその職務を行なうについて悪意または重大な過失があったときは、その取締役は第三者に対してもまた連帯して損害賠償の責に任ずる旨を定めている。もともと、会社と取締役とは委任の関係に立ち、取締役は、会社に対して受任者として善良な管理者の注意義務を負い（商法254条3項、民法644条)、また、忠実義務を負う（商法254条ノ2）ものとされているのであるから、取締役は、自己の任務を遂行するに当たり、会社との関係で

右義務を遵守しなければならないことはいうまでもないことであるが、第三者との間ではかような関係にあるのではなく、取締役は、右義務に違反して第三者に損害を被らせたとしても、当然に損害賠償の義務を負うものではない。

しかし、法は、株式会社が経済社会において重要な地位を占めていること、しかも株式会社の活動はその機関である取締役の職務執行に依存するものであることを考慮して、第三者保護の立場から、取締役において悪意または重大な過失により右義務に違反し、これによって第三者に損害を被らせたときは、取締役の任務懈怠の行為と第三者の損害との間に相当の因果関係があるかぎり、会社がこれによつて損害を被った結果、ひいて第三者に損害を生じた場合であると、直接第三者が損害を被った場合であるとを問うことなく、当該取締役が直接に第三者に対し損害賠償の責に任ずべきことを規定したのである。」

3．代表理事の業務執行についての理事の監視義務

理事会は業務執行の監視・監督権限（農協法32条３項）を有しており、理事会の構成員である理事は、代表理事等の業務執行を監視する義務を負います。

次の判例は、これと同じ規定を有していた旧商法260条１項のもとでの取締役の責任に関するものですが、そのまま農協の理事についても当てはまるものといってよいでしょう。

③　株式会社の取締役は、会社に対し、代表取締役が行なう業務執行につき、これを監視し、必要があれば、取締役会をみずから招集し、あるいは招集することを求め、取締役会を通じてその業務執行が適正に行なわれるようにする職責がある（最三小判昭48・５・22民集27巻５号655頁、金融・商事判例374号２頁）

「株式会社の取締役会は会社の業務執行につき監査する地位にあるから、取締役会を構成する取締役は、会社に対し、取締役会に上程された事柄についてだけ監視するにとどまらず、代表取締役の業務執行一般につき、これを監視し、必要があれば、取締役会を自ら招集し、あるいは招集することを求め、取締役会を通

じて業務執行が適正に行なわれるようにする職務を有するものと解すべきである。」

なお、代表取締役の監視義務に関し、上記の最高裁昭和44年11月26日大法廷判決は、「株式会社の代表取締役は、自己のほかに、他の代表取締役が置かれている場合、他の代表取締役は定款および取締役会の決議に基づいて、また、専決事項についてはその意思決定に基づいて、業務の執行に当たるのであって、定款に別段の定めがないかぎり、自己と他の代表取締役との間に直接指揮監督の関係はない。しかし、もともと、代表取締役は、対外的に会社を代表し、対内的に業務全般の執行を担当する職務権限を有する機関であるから、善良な管理者の注意をもって会社のため忠実にその職務を執行し、ひろく会社業務の全般にわたって意を用いるべき義務を負うものであることはいうまでもない。したがって、少なくとも、代表取締役が、他の代表取締役その他の者に会社業務の一切を任せきりとし、その業務執行に何等意を用いることなく、ついにはそれらの者の不正行為ないし任務懈怠を看過するに至るような場合には、自らもまた悪意または重大な過失により任務を怠ったものと解するのが相当である」と判示しています。

次の④判例は森林組合の理事の権限濫用行為につき他の理事の監視義務違反があったとして第三者に対する責任を認めたものですが、最高裁昭和48年５月22日第三小法廷判決と同一の結論となっています。

また、⑤の判例は、農業協同組合の参事の業務遂行に対する理事の監視義務を認め、理事が年数回の理事会に出席するだけで、業務の一切を参事に任せきりにして監視義務を怠り、これがため参事の手形乱発行為を阻止できず第三者に損害を蒙らせたときに、理事の第三者に対する損害賠償責任を認めたものです。

⑥は信用金庫の事例ですが、理事の職務遂行にあたりいかなる事情が

あれば職務懈怠があるといえるかどうかの判断基準の例として１つの参考にはなるでしょう。

④　森林組合の組合長理事の権限濫用行為につき他の理事に森林法106条の２第３項の責任が認められた事例（前橋地高崎支判昭47・８・24判時697号74頁）

「被告組合は組合員約300名、役員として理事９名、監事３名が存するほか、他に参与20余名を有し、組合事務所はＵ村役場内にあり、組合事務は組合長Ａの指揮の下に書記Ｂがその全般を行っており、Ｕ村と被告組合は表裏一体を為すような関係にあった。組合役員の職務執行ぶりは、理事についていえば例えば組合総会に提出する議案の決定につき理事会を開くことは殆どなく、議案は殆どの場合組合書記が作成して総会の場で交付するのが常であり、稀に理事会を開いても書記が資料に基づいて説明し理事の了解を得て議案を作成するやり方であるため、実際に理事会の了解どおり議案が作成されたかわからない場合もある実情であり、監事のなす監査も元帳と伝票を照合するだけの簡単なものであり、総体に被告組合の業務執行はＡ組合長の専断に委ねられていた。Ａが被告組合を代表してなした本件風倒木の払下契約については、Ａ自身が前認定のように被告組合の新年会の席ではかったほか、保証金の13万5000円につき、昭和35年６月開催された被告組合総会に提出された財産日録の林産物生産勘定の借方欄に固有林間伐金として記載し、同時に右目録において官公造林地伐採払下について陳情したことを明瞭にしたが、営林署からもＵ村役場に契約金支払を催促する通知があり、更に被告組合が本件風倒木の払下げを受け或は受けるべきことを察知し、その転買を希望する群馬県内外の業者からＵ村村会林務委員長Ｃや被告組合参与Ｄらに問合せがあった事実がある。右認定の事実に本件風倒木の所在地がＵ村村内であることを総合すると、本件払下契約は被告理事らにとって周知の事実であったか、或は被告組合の職務を忠実に執行していれば当然知り得たものであることが推認される。

以上認定の事実に基づいて考えると、本件風倒木の払下契約及び本件売買契約は被告組合の理事・組合長Ａがその権限を濫用して為したものであることが明らかであるが、Ａをして右の挙に出でしめた理由の一つには被告理事を含む被告組合の理事達がその職務遂行に誠意を示さず、組合事務に意を用いなかった結果被告組合の業務執行を組合長のＡに任せきりにしていた事実があることを推認しうる。そして被告理事らは被告組合の定款により法により認められた代表権こそ制限されていた（定款37条）けれども、組合の事務は理事の過半数で決すべきものであり（森林法118条、民法52条２項）、理事は法令、法令に基づいてする行政庁の処分、定款、規約及び総会の決議を遵守し、組合のため忠実にその職務を遂行しなければならない（森林法106条の２Ⅰ）ものであるから、日頃から組合の業務執行に意を尽し組合長の権限濫用行為を防止すべきは勿論、かりそめにも組合長の業務執行に不審な点があることを知りまたは知り得べかりし時は理事会の開催を要求してその点をただすなどするべき義務を負うことは当然であって、前認定の事実関係のもとで被告理事らがその挙に出でなかったことは理事として職務上重大な過失があったというべきである。そして被告理事らにおいて職務を忠実に執行し、しかるべき措置をとっていたならば、本件売買契約の締結を阻止し得たか或は少くとも本件の手付金・内金230万円をＡが費消することを防げた筈であると思われるから、被告理事らは原告が現実に出指して蒙った損害230万円につき森林法106条の２、３項の責任を負うものというべきである。」

⑤　農業協同組合の理事に参事の業務遂行についての監視義務に懈怠があるとして第三者に対する損害賠償責任を認めた事例（仙台高判昭53・4・21高民集31巻3号467頁）

「甲農業協同組合は、昭和29年に設立された乙農業協同組合と丙農業協同組合、了農業協同組合とが合併したものであるが、経営不振のため県から再建整備組合の指定を受け、同35年４月に至りようやく組合事業を再開したこと、そして当初は県農業協同組合中央会から派遣された事務職員によって組合事務の処理がなされていたが、昭和40年５月県共済連のＡから斡旋されたＢが甲農協の参事に選任されたこと、被控訴人らは、年数回の理事会に出席するだけで同農協の業務は常勤の専務理事である原審被告Ｃに委ね、同被告も参事のＢを信頼するの余りその主要業務を同人に委ねていたこと、Ｂ参事は同農協の業務が自己に委ねられていることを幸いに、昭和41年９月頃から同42年４月頃にかけてＤやＮ株式会社に対し同農協振出名義の融通手形を乱発したこと、本件約束手形はその一部であって、結局これがため同農協には約7400万円に達する欠損が生じてしまい、ついに再建不能の事態に追い込まれるに至ったこと、一方被控訴人ら理事達は、その一部の者が昭和42年5月半頃かような事実を耳にした程度で、その後同年6月6日に招集された緊急理事会の席上、原審被告Cから右事件の発表があるまでは、全く右事実を察知することができなかったこと、以上の各事実が認められ、右認定に反する証拠はない。

ところで、農業協同組合の参事には商人の支配人と同様組合業務の遂行に関し、広汎な権限を与えられている（農協法42条3項、商法38条）ことに鑑み法はその選任、解任を理事の過半数で決することにしている（農協法42条第2項）のである。そして農協の理事は、組合に対しいわゆる忠実義務（同法31条の2第2項）を負っているうえ、右のとおり参事の任免権を有していることに照らせば、理事には直接もしくは理事会を通じて間接的に参事の業務遂行を監視すべき義務が課せられているものと解するのが相当である。

しかるに、被控訴人らは、当時同農協の理事の地位にありながら毎年数回招集される理事会に出席するだけで、同農協の業務は専務理事である原審被告CとB参事に任せきりにして監視義務を尽くさず、これがためB参事の手形乱発を阻止することができなかったことは前記のとおりであるから、被控訴人らにその職務を行うにつき重大な過失があったものというべく、従って被控訴人らは農協法31条の2第3項により控訴人らに対し連帯して前記損害を賠償すべき責任を免れない。

被控訴人らは、自分達は組合事務や経理に暗く、B参事の業務遂行を監視、監督する能力に欠けていた旨主張するが、右能力の不足は被控訴人らの責任を否定する事由とはならない。けだし、被控訴人らがさような能力に不足するところがあったにせよ、自らの職責を自覚し、それなりに組合業務に関心をもち積極的にその衝にあたる者の執務状況を見守る姿勢を示していたならば、手形の乱発を招かずに済んだことと思われるからである。」

⑥　信用金庫の代表理事に不良貸付に関しての任務懈怠はなかったとされた事例（東京地判昭61・2・18金融・商事判例754号31頁）

「(1)　本件の不良貸付は、Sが原告の専務理事の地位を利用し専ら債務者の利益を図るために、独断で行ったものであることは、前記認定の事実に弁論の全趣旨を総合して容易にこれを推認しうるところ、被告は原告の代表理事であるから、他の理事の職務行為を監視し、その不正行為又は任務懈怠による原告に対する損害の発生を未然に防止すべき任務があり、仮に被告が広く金庫業務全般に意を用いることなく、他の理事の不正行為又は任務懈怠を看過した場合には、自らも前記任務を怠ったものと言わなければならない。

(2) しかしながら、被告がSのA社及びB社に対する不良貸付を知りながらこれを承認し又は抑止しなかった事実は本件全証拠によるも認めることができない。しかして、前記認定事実によれば、Sは、右両社に対する大部分の貸付について、理事長の決裁が必要であるにもかかわらず、自ら決裁し独断専決していたというのであるから、被告が、Sの右不良貸付の事実を知りうる機会はなかったものと言わなければならない。

ただ、Sは、両社に対する貸付の一部については理事長の決裁を得ており、また、所轄財務局長に対する3か月毎の大口信用供与の状況に関する報告においては理事長がこれを決裁していたのであるから、この時に右不良貸付の事実を知りえた可能性があると言えなくもない。しかしながら、…(略)…理事長の決裁を要する書類は時により多数に及ぶこと、その場合、右書類を逐一細部にわたって検討することは事実上困難であること、所轄財務局長に対する前記報告書からは大口の信用供与であることは分かるものの、債務者の状況については担当者からの報告を聞かなければ分からず、被告としては右担当者の応答を信用せざるを得ないことが認められ、…(略)…Sが右決裁を受けるにあたり、被告に対して、前記両社に対する貸付の事実を正確に告げていたとは考え難いことを考慮すれば、被告がSの不良貸付の事実を探知することはできなかったものと推認するのが相当である。

従って、右事情の下においては、被告にはSには職務行為を監視するについての任務懈怠はないと言わなければならない。」

4．理事の監督義務と内部統制システム

次の大阪地裁の判例は株式会社のものですが、その後のわが国における内部統制システムの構築義務に関する議論や法整備の先駆けとなった

ものですので、参考に掲げておきます。

⑦　取締役は、リスク管理体制を構築する義務を負い、さらに、代表取締役および業務担当取締役がリスク管理体制を構築すべき義務を履行しているか否かを監視する義務を負う。また、監査役は、取締役がリスク管理体制の整備を行っているか否かを監査すべき職務を負う（大阪地判平12・9・20金融・商事判例1101号3頁等）。

「健全な会社経営を行うためには、目的とする事業の種類、性質等に応じて生じる各種のリスク、例えば、信用リスク、市場リスク、流動性リスク、事務リスク、システムリスク等の状況を正確に把握し、適切に制御すること、すなわちリスク管理が欠かせず、会社が営む事業の規模、特性等に応じたリスク管理体制（いわゆる内部統制システム）を整備することを要する。そして、重要な業務執行については、取締役会が決定することを要するから（商法260条2項）、会社経営の根幹に係わるリスク管理体制の大綱については、取締役会で決定することを要し、業務執行を担当する代表取締役及び業務担当取締役は、大綱を踏まえ、担当する部門におけるリスク管理体制を具体的に決定するべき職務を負う。この意味において、取締役は、取締役会の構成員として、また、代表取締役又は業務担当取締役として、リスク管理体を構築すべき義務を負い、さらに、代表取締役及び業務担当取締役がリスク管理体制を構築すべき義務を履行しているか否かを監視する義務を負うのであり、これもまた、取締役としての善管注意義務及び忠実義務の内容をなすものと言うべきである。監査役は、商法特例法22条1項の適用を受ける小会社を除き、業務監査の職責を担っているから、取締役がリスク管理体制の整備を行っているか否かを監査すべき職務を負うのであり、これもまた、監査役としての善管注意義務の内容をなすものと言うべきである。」

「整備すべきリスク管理体の内容は、リスクが現実化して惹起する様々な事件事故の経験の蓄積とリスク管理に関する研究の進展により、充実していくものである。したがって、…（略）…現時点で求められているリスク管理体制の水準をもって、本件の判断基準とすることは相当でない…（略）…。また、どのような内容のリスク管理体制を整備すべきかは経営判断の問題であり、会社経営の専門家である取締役に、広い裁量が与えられていることに留意しなければならない。」

5．監事の任務懈怠による責任

次の最高裁判例は、農業協同組合の監事の任務懈怠責任を認めた事例です。

⑧ 農業協同組合の代表理事が、補助金の交付を受けることにより同組合の資金的負担のない形で堆肥センター建設事業を進めることにつき理事会の承認を得たにもかかわらず、その交付申請につき理事会に虚偽の報告をするなどして同組合の費用負担の下で同事業を進めた場合において、資金の調達方法を調査、確認することなく、同事業が進められるのを放置した同組合の監事に、任務の懈怠があるとされた事例（最二小判平21・11・27集民232号393頁、金融・商事判例1342号22頁）

「(1) 監事は、理事の業務執行が適法に行われているか否かを善良な管理者の注意義務（農業協同組合法39条１項、商法〔平成17年法律第87号による改正前のもの。以下「旧商法」という。〕254条３項、民法644条）をもって監査すべきものであり（農業協同組合法39条２項、旧商法274条１項）、理事が組合の目的の範囲内にない行為その他法令若しくは定款に違反する行為を行い、又は行うおそれがあると認めるときは、理事会にこれを報告することを要し（農業協同組合法39条３項、旧商法260条ノ３第２項）、理事の上記行為により組合に著しい損害を生ずるおそれがある場合には、理事の行為の差止めを請求することもできる（農業協同組合法39条２項、旧商法275条ノ２）。監事は、上記職責を果たすため、理事会に出席し、必要があるときは意見を述べることができるほか（農業協同組合法39条３項、商法〔平成13年法律第149号による改正前のもの〕260条ノ３第１項）、いつでも組合の業務及び財産の状況の調査を行うことができる（農業協同組合法39条２項、旧商法274条２項）。

そして、監事は、組合のため忠実にその職務を遂行しなければならず（農業協同組合法39条２項、33条１項）、その任務を怠ったときは、組合に対して損害賠償責任を負う（同条２項）。

監事の上記職責は、たとえ組合において、その代表理事が理事会の一任を取り付けて業務執行を決定し、他の理事らがかかる代表理事の業務執行に深く関与せず、また、監事も理事らの業務執行の監査を逐一行わないという慣行が存在したとしても、そのような慣行自体適正なものとはいえないから、これによって軽減されるものではない。したがって、原審判示のような慣行があったとしても、そのことをもって被上告人の職責を軽減する事由とすることは許されないというべきである。

(2) 前記事実関係によれば、A〔代表理事兼組合長〕は、平成13年1月25日開催の理事会において、公的な補助金の交付を受けることにより上告人〔農協〕自身の資金的負担のない形で堆肥センターの建設事業を進めることにつき承認を得たにもかかわらず、同年8月31日開催の理事会においては、補助金交付をB財団に働き掛けたなどと虚偽の報告をした上、その後も補助金の交付が受けられる見込みがないにもかかわらずこれがあるかのように装い続け、平成14年5月には、上告人に費用を負担させて用地を取得し、堆肥センターの建設工事を進めたというのであって、このようなAの行為は、明らかに上告人に対する善管注意義務に反するものといえる。

そして、Aは、平成13年8月31日開催の理事会において、補助金交付申請先につき、方向転換してB財団に働き掛けたなどと述べ、それまでの説明には出ていなかった補助金の交付申請先に言及しながら、それ以上に補助金交付申請先や申請内容に関する具体的な説明をすることもなく、補助金の受領見込みについてあいまいな説明に終始した上、その後も、補助金が入らない限り、同事業には着手しない旨を繰り返し述べていたにもかかわらず、平成14年4月26日開催の理事会において、補助金が受領できる見込みを明らかにすることもなく、上告人自身の資金の立替えによる用地取得を提案し、なし崩し的に堆肥センターの建設工事を実施に移したというのであって、以上のようなAの一連の言動は、同人に明らかな善管注意義務違反があることをうかがわせるに十分なものである。

そうであれば、被上告人は、上告人の監事として、理事会に出席し、Aの上記のような説明では、堆肥センターの建設事業が補助金の交付を受けることにより上告人自身の資金的負担のない形で実行できるか否かについて疑義があるとして、Aに対し、補助金の交付申請内容やこれが受領できる見込みに関する資料の提出を求めるなど、堆肥センターの建設資金の調達方法について調査、確認する義務があったというべきである。

しかるに、被上告人は、上記調査、確認を行うことなく、Aによって堆肥センターの建設事業が進められるのを放置したものであるから、その任務を怠ったものとして、上告人に対し、農業協同組合法39条2項、33条2項に基づく損害賠償責任を負うものというほかはない。」

6．代表訴訟の対象となる責任の範囲

次の最高裁の判例は、株主代表訴訟の対象となる責任の範囲には取引上の責任も含まれるとした事例です。

⑨ 株主代表訴訟の対象となる旧商法267条1項〔会社法847条1項〕にいう「取締役ノ責任」には、同法266条1項各号所定の責任など同法が取締役の地位に基づいて取締役に負わせている責任のほか、取締役が会社との取引によって負担することになった債務についての責任も含まれるとされた事例（最三小判平21・3・10民集63巻3号361頁、金融・商事判例1319号40頁）

「昭和25年法律第167号により導入された商法267条所定の株主代表訴訟の制度は、取締役が会社に対して責任を負う場合、役員相互間の特殊な関係から会社による取締役の責任追及が行われないおそれがあるので、会社や株主の利益を保護するため、会社が取締役の責任追及の訴えを提起しないときは、株主が同訴えを提起することができることとしたものと解される。そして、会社が取締役の責任追及をけ怠するおそれがあるのは、取締役の地位に基づく責任が追及される場合に限られないこと、同法266条1項3号は、取締役が会社を代表して他の取締役に金銭を貸し付け、その弁済がされないときは、会社を代表した取締役が会社に対し連帯して責任を負う旨定めているところ、株主代表訴訟の対象が取締役の地位に基づく責任に限られるとすると、会社を代表した取締役の責任は株主代表訴訟の対象となるが、同取締役の責任よりも重いというべき貸付けを受けた取締役の取引上の債務についての責任は株主代表訴訟の対象とならないことになり、均衡を欠くこと、取締役は、このような会社との取引によって負担することになった債務（以下「取締役の会社に対する取引債務」という。）についても、会社に

対して忠実に履行すべき義務を負うと解されることなどにかんがみると、同法267条1項にいう「取締役ノ責任」には、取締役の地位に基づく責任のほか、取締役の会社に対する取引債務についての責任も含まれると解するのが相当である。」

■参考文献■

神田秀樹『会社法（第24版）』弘文堂・2022年
明田作『農業協同組合法［第三版］』経済法令研究会・2021年
江頭憲治郎『株式会社法（第８版）』有斐閣・2021年
中島茂『取締役の法律知識（第４版）』日経文庫・2021年
中村直人『取締役・執行役ハンドブック（第３版）』商事法務・2021年
岸本寛之『信用金庫役員の職務執行の手引き』経済法令研究会・2016年
神田秀樹『会社法入門（新版）』岩波新書・2015年
近藤光男『会社法の仕組み（第２版）』日経文庫・2014年
石山卓磨『最新判例にみる会社役員の義務と責任』中央経済社・2010年
朝倉敬二『改訂　JA役員の権限と責任』経済法令研究会・2007年

[著者紹介]

明田　作（あけだ　つくる）

1949年　福島県生まれ。
1973年　東京教育大学卒業。
大学卒業後、全国農業協同組合中央会、農林中央金庫嘱託を経て、現在、農林中金総合研究所・客員研究員（1992年～2005年農業協同組合監査士試験委員、2003年～2007年日本協同組合学会副会長）。
主な著作として、『農業協同組合法［第三版］』（経済法令研究会、2021年）、『新農協法』（全国共同出版・共著、2007年）、『農業協同組合の法人税・消費税』（中央経済社・共著、2004年）、『ILO・国連の協同組合政策と日本』（日本経済評論社・共著、2003年）などのほか、論文・寄稿多数。

新訂　ＪＡ役員の職務執行の手引き
～知っておきたい権限と責任～

2017年６月15日　初　版第１刷発行
2023年７月５日　新訂版第１刷発行

著　者　明田　作
発行者　志茂満仁
発行所　㈱経済法令研究会
〒162-8421　東京都新宿区市谷本村町３-21
電話　代表03(3267)4811　編集03(3267)4823
https://www.khk.co.jp/

営業所／東京03(3267)4812　大阪06(6261)2911　名古屋052(332)3511　福岡092(411)0805

カバーデザイン／清水裕久（Pesco Paint）
制作／西牟田隼人　印刷／日本ハイコム㈱　製本／㈱ブックアート

ISBN978-4-7668-2497-1

☆　本書の内容等に関する追加情報および訂正等について　☆
本書の内容等につき発行後に追加情報のお知らせおよび誤記の訂正等の必要が生じた場合には、当社ホームページに掲載いたします。
（ホームページ　書籍・DVD・定期刊行誌　メニュー下部の　追補・正誤表　）